"十三五"国家重点出版物出版规划项目
海洋生态文明建设丛书

北部湾全流域环境治理研究

蓝文陆　彭小燕　李天深　舒俊林　著

海洋出版社

2022 年·北京

图书在版编目（CIP）数据

北部湾全流域环境治理研究／蓝文陆等著. — 北京：
海洋出版社，2022.9

ISBN 978-7-5210-0994-1

Ⅰ.①北…　Ⅱ.①蓝…　Ⅲ.①流域-环境管理-研究-
广西　Ⅳ.①X522②X321.267

中国版本图书馆 CIP 数据核字（2022）第 161764 号

责任编辑：高朝君

责任印制：安　淼

海洋出版社 出版发行

http://www.oceanpress.com.cn

北京市海淀区大慧寺路 8 号　邮编：100081

鸿博昊天科技有限公司印刷

2022 年 9 月第 1 版　　2022 年 11 月北京第 1 次印刷

开本：787mm×1092mm　1/16　印张：13.25

字数：243 千字　　定价：98.00 元

发行部：010-62100090　邮购部：010-62100072

总编室：010-62100034　编辑室：010-62100038

海洋版图书印、装错误可随时退换

前　言

　　流域指由分水线所包围的河流集水区，包括地面集水区和地下集水区，是以水为媒介，由自然要素和人文要素相互关联、相互作用而共同构成的自然–社会–经济复合系统。每条河流都有自己的流域，一个大流域可以按照水系等级分成数个小流域，小流域又可以分成更小的流域等，甚至截取河道的一段也可以单独划分为一个流域。流域系统内部自然与人文各要素以及上下游、左右岸、各支流/小流域的变化存在着共生和因果联系，形成不可分割的有机整体，其中任一要素在不同时空尺度的局部性调整均将不可避免地对整个流域产生重要影响。因此，以流域为单元，探索流域治理的理论与实践，有助于提高治理效率与效果，促进流域资源可持续利用和生态环境的持续改善。

　　近年来，随着全球化、区域一体化的发展，流域水环境问题日益突出，流域水环境污染是全流域生态治理面临的重大挑战。流域环境治理问题变得日趋复杂，矛盾不断凸显，对全流域进行统一治理成为新时期流域管理的趋势。全流域治理能综合考虑流域内经济、社会、生态、环境等诸多因素，实现水、土等环境及相关资源的协调发展，因此，从 20 世纪末开始，美国、澳大利亚和新西兰等国家开展了全流域的环境治理研究及实践。全流域环境治理以整个流域包括各一级支流、二级支流等各个小流域以及入海河口、临近海域在内的全流域生态、社会、经济和谐发展为目标，集成流域上下游、左右岸、多部门的全流域生态治理模式，实现了从单一的水资源保护，到自然生态系统整体保护，再到全流域社会生态系统的综合治理，成为全世界流域综合治理的整体要求。在我国，进入 21 世纪之后也逐渐尝试对部分流域进行全流域治理的研究与实践，但由于缺乏典型的全流域治理示范，全流域治理研究缺少实践数据和参照标准，全流域环境治理的成功实践突破较少。随着"十二五"期间陆海统筹环境治理理念的提出，以及"十三五"期间《水污染防治行动计划》的实施，我国加强了以流域为控制单元的水污染防治和环境治理研究及实践，大大推动了全流域环境治理的探索和发展。但全流域范围较大，往往跨越多个行政区域，全流域环境治理可能涉及水利、防洪、航运、城乡规划、工农业生产、水资源保护、景观娱乐等多个目标和部门，如何共同推动、协调和平衡这些目标是个很大的挑战。因此，"十三五"期间《水污染防治行动计划》实施要求开展的"水体达标方案"等编制实施主要以监测断面所涉及的主要集雨范围（主要是支流或河段等）结合行政区范围所划定的控制单元，以市级行政区的流域局部为主，较少涉及全流域。

北部湾是一个独特而具有明显代表性的海湾，位于南海西北部，介于我国的海南省、广东省、广西壮族自治区和越南北部之间，地理形状独特，是典型的半封闭式海湾，南部与南海连通，南北纵深很大，中间只有狭小的琼州海峡与南海连通，水体交换能力相对于东部海域较低，因此海湾的环境承载能力也相对于东部开阔海域低得多。近年来，随着北部湾城市群的建设发展，区域经济发展的新格局、高速度、强后劲，必然对区域环境承载力以及经济与生态的协调发展带来前所未有的压力，已经出现了一些环境问题，如茅尾海等局部海域经常性水质超标、小规模绿潮、赤潮发生等，其主要原因就是北部湾周边流域带来的营养盐等物质的增加。另一方面，北部湾生态环境优越，水质优良，是我国沿岸最洁净的大型海湾，也是天然的海洋渔场，周边分布着大量红树林等盐沼植被，近岸分布着大量海草床和珊瑚礁，同时，北部湾还分布着中华白海豚、江豚、鲸等珍稀海洋生物，也是候鸟的重要栖息地，需要特别的保护。北部湾也是我国直接毗邻国际近岸海域的两个区域之一，是陆海统筹环境治理的一个重要窗口，因此，对北部湾周边流域的全流域环境治理至关重要，关系着我国生态文明建设以及海洋强国建设。值得--提的是，北部湾周边不涉及长江、珠江和黄河这类大型流域，主要是一些中小型流域。中小型流域的集雨面积较小，跨越行政区较少，相对于较大流域更容易实施全流域的环境治理，这为推动从山顶到海洋的全流域环境治理的研究和实践探索提供了绝佳的机会。因而，北部湾周边的中小型流域为研究探索全流域环境治理提供了独特而又有代表性的条件，其示范研究将为其他中小型流域以及大型流域的研究实践提供很好的借鉴。

北部湾是一个后发展地区，工业发展起点较高，沿海港口工业排污相对于其他污染来源所占比例较低，流域的营养盐等物质输入是造成北部湾当前环境问题的最主要原因。为了保障在广西北部湾经济区发展上升为国家战略后北部湾优良的生态环境不受影响和破坏，确保北部湾生态安全，自2008年开始，广西加强了海洋生态环境治理的研究，积极推动北部湾及其周边入海流域的环境治理。广西海洋环境监测中心站是广西海洋生态环境保护的一个重要技术支撑单位，重点加强了北部湾广西海域及主要入海河流的系统调查研究，在"十三五"期间对南流江、钦江、西门江等北部湾周边环境问题比较突出的几个流域开展了主要监测断面水体达标方案以及水污染防治总体实施方案等环境治理研究。我们的研究团队也主要利用这些数据资料，结合科研项目，围绕北部湾环境问题较突出的重点区域茅尾海以及汇入茅尾海的两大河流钦江和茅岭江的全流域环境治理开展了系列研究。经过近5年坚持不懈的调查和研究，整理、分析和总结，形成了本书。

本书是一部系统性介绍北部湾典型中小型河流全流域环境治理研究的专著，涵盖了北部湾对全流域环境治理的需求、钦江全流域环境治理和茅岭江全流域环境治理等内容，共3篇9章。本书主要基于对流域系统调查的结果开展研究分析，具有跨区域和跨部门环境治理的特色。期望它在促进我国中小型流域生态环境治理研究尤其是陆海统筹环境治理研究与生态保护管理方面起到一定的作用。由于笔者的学识浅薄以及生态环境治理研究方面的薄弱，本书难免出现不足和错误，敬请专家、学者批评指正。

衷心感谢广西重大科技专项"北部湾陆海统筹环境监控预警与污染治理技术研发及示范"（桂科AA17129001）、广西科技基地与人才专项"北部湾全流域生态治理集成技术研发高层次人才培养示范"（桂科AD19110140）和国家自然科学基金"北部湾近海工程疏浚磷释放对浮游植物群落结构的影响及其机理研究"（41466001）项目在北部湾的环境、流域的环境治理等研究和本书出版方面给予的资助。

　　本书是集体劳动的结晶，大部分数据结果主要来源于广西海洋环境监测中心站以及钦州市相关部门，监测调查和实验分析主要是由广西海洋环境监测中心站的监测人员完成，在研究过程中也得到了广西海洋环境监测中心站领导和同事们的大力支持和帮助，尤其是钦江水体达标方案编制组成员、广西近岸海域水环境质量变化及保护对策研究报告编制组成员，中国环境科学研究院邓义祥博士在流域总量分配研究中给予了具体指导，在此表示衷心的感谢！特别感谢广西海洋环境监测中心站的领导及全体同仁给予的大力支持和帮助，促成了本书的问世。

蓝文陆

2020 年 9 月于广西北海

目　录

第一篇　北部湾流域治理需求

第二篇 钦江全流域环境治理研究

第三篇　茅岭江全流域环境治理研究

第一篇
北部湾流域治理需求

第1章 北部湾环境概况和问题

北部湾位于西太平洋南海大陆架的西北部，是一个天然的半封闭浅海湾，是南海仅次于泰国湾的第二大海湾。北部湾被中国和越南两国陆地与中国海南岛所环抱，近20年来海湾周边地区经济迅猛发展。位于北部湾北部的中国北部湾经济区是中国—东盟开放合作的物流基地、商贸基地、加工制造基地和信息交流中心，是我国沿海发展的新一极。北部湾西部的越南北部重点经济区是越南最重要的外商跨国投资中心和国际交易与商贸中心，是越南最有经济增长潜力的地区。随着沿北部湾的中国和越南掀起了新一轮的开发热潮，海湾环境将面临更大的压力。

本章系在资料收集整理的基础上，介绍北部湾的基本特征和环境现状，系统分析北部湾突出环境问题以及基于流域–海域的环境治理需求，为后续北部湾全流域环境治理研究提供基础。

1.1 北部湾概况

1.1.1 北部湾自然概况

（1）地理位置

北部湾（$17°00'$—$21°30'$N，$105°40'$—$110°00'$E）位于南海西北部，三面被陆地和岛屿环绕，西向凸出、湾口朝南呈扇形（见图1.1-1）。北面（湾顶）是广西壮族自治区的南部；东面是广东省的雷州半岛西侧和海南省海南岛西侧，其东界是雷州半岛南端的灯楼角至海南岛西北部的临高角一线，经琼州海峡与南海北部沿岸相通；西面是越南北部；湾南部湾口与南海相通，南边以海南岛莺歌嘴与越南莱角之间连线海域为界（刘忠臣等，2005）。北部湾是一个天然的半封闭浅海湾，是南海仅次于泰国湾的第二大海湾，东西宽约390 km，东北至西南长约550 km，面积约$12.9×10^4$ km²。

北部湾整体海岸线蜿蜒曲折，北部湾海域周边中国三省（区）的海岸线长度约5 427 km，其中广西海岸线西起中越边界的北仑河口，与中南半岛毗邻，东至与广东接壤的英罗港，岸线全长1 628.59 km，沿海有大小岛屿646个，海岛岸线长622.495 km（黎树式等，2016）。

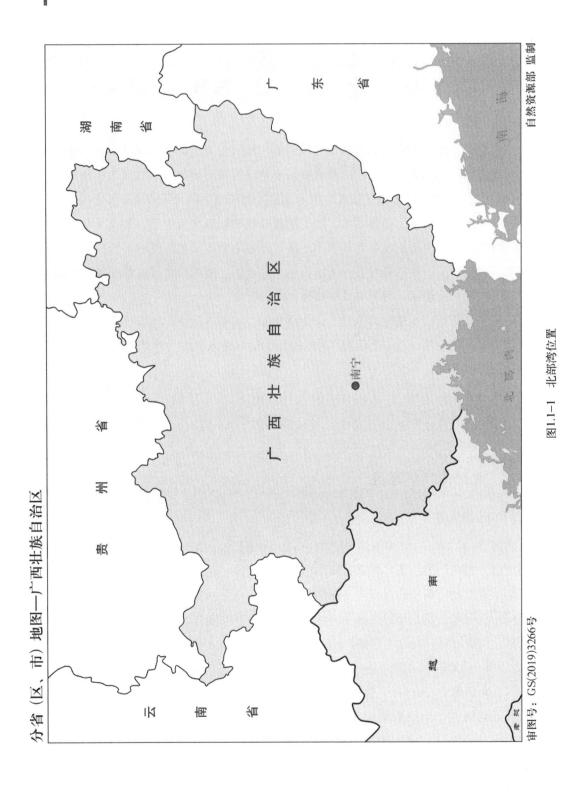

分省（区、市）地图—广西壮族自治区

审图号：GS(2019)3266号

自然资源部 监制

图1.1-1 北部湾位置

（2）气候特征

北部湾地处热带和亚热带，沿海各地平均气温为 22.0~23.4℃，冬季水温 18~28℃，夏季水温 27~30℃，年降雨量 1 100~2 800 mm。受地形影响，北部湾海岸带的降雨量具有海岸西段多，东段少，十万大山迎风坡多，背风坡少，前缘海岸多，海岛和丘陵地区少等特点，而太阳辐射和日照时数分布的特点与降雨量刚好相反。北部湾干、湿季显著，5—9 月为雨季，雨量充沛，月平均降雨量都在 100 mm 以上，7~9 月降雨量占全年总雨量的 55%~70%。北部湾主要受东亚季风控制，影响北部湾海岸带的热带气旋平均每年有 4.5 个（苏志等，2009）。3—8 月盛行南风及西南风，7 月最强，南风及西南风出现频率达 67%；10 月至翌年 2 月盛行东风及东北风，其出现频率以 12 月为最大，高达 99%，东北风出现频率比东风小，但风力却比东风强 1 级左右。冬季风较夏季风稳定、持久而且强烈（李树华等，2001）。

（3）地形特征

北部湾整体位于大陆架之上，湾内海底地形平坦，等深线分布趋势大致与海岸平行，北部等深线为东北—西南向分布，近湾口处，水深变化很大，属于浅海半封闭性大陆海域。水深从三侧的陆地边界向中央和南侧逐渐变深，最大水深为 106 m，平均深度为 38 m。北部湾东北部岸边至 20 m 等深线海域的海底坡度较平缓，平均坡度约 0.035%。等深线顺岸弯曲，明显地反映出水下地形是陆地地形的延伸部分，岸边浅滩沙堤发育。西北部海底宽阔平坦，自岸边至 50 m 等深线海底平缓倾斜，平均坡度仅有 0.03%，北部浅滩和深水槽谷为东北向分布，浅滩面积也较小。湾中部区域相对地势平坦，自西北向东南倾斜，仅涠洲岛、龙尾岛和斜阳岛附近的海底稍微隆起（吴敏兰，2014）。

（4）水文特征

北部湾内海水的运动主要受潮流、季风和径流的驱动。沿岸验潮站的水位记录、卫星高度计观测和数值模型的结果显示，北部湾海域的潮流主要由全日潮和半日潮为主导（Shi et al.，2002）。北部湾的潮流主要为往复流，潮流的流向大体与岸线走向一致，潮流流速为 1 m/s 左右。在琼州海峡附近海域，潮流受海峡和沿岸地形影响，流向与岸线走向趋近，最强可达 2.5 m/s。北部湾大部分海区最大可能潮差 3~6 m，湾顶最大潮差 6 m 以上。海南岛及广西沿岸春、秋季平均潮差略大于冬、夏季平均潮差。风浪冬季以 NE 向为主，北部湾北部频率为 39%~54%，从 4 月出现 SW 向和 S 向浪，夏季以 SW 向浪为主，频率为 25%~50%，秋季开始出现 NE 向浪。北部湾月平均波高 0.6~1.6 m，累年最大波高 2.5~5.0 m；月平均波周期 4.1~6.0 s，累年月最大波周期 10~18 s (苏纪兰, 2005)。北部湾表层海流因受东亚季风、海水密度梯度、潮汐以及琼州海峡的共同影响, 在冬季和夏季均表现为明显的逆时针方向 (Shi et al., 2010)。

（5）自然资源

北部湾自然资源丰富, 海底蕴藏着丰富的石油、天然气及多种矿产资源。北部湾海域沿岸港湾众多, 港口资源丰富, 素有"港群"之称, 主要有广东的安铺港、广西的铁山港、北海湾、廉州湾、钦州湾、防城港和珍珠港, 越南的下龙湾、海龙湾等。北部湾沿岸有红河、南流江等众多河流入海, 形成了河口、海湾、红树林湿地、珊瑚礁等多种典型海洋生态环境, 是许多经济鱼类的良好繁衍和栖息场所。北部湾气候温暖、饵料丰富, 是我国四大渔场之一, 北部湾海域内的鱼类主要有金线鱼、脂眼鲱、圆腹鲱、蓝圆鲹、多齿蛇鲻和红鳍鲷鲷等, 还有头足纲的枪乌贼等; 北部湾也孕育了许多贝类, 如牡蛎、珍珠贝、日月贝、泥蚶和文蛤等, 这里盛产驰名中外的合浦珍珠。

1.1.2　北部湾区位和发展需求

（1）北部湾经济区发展规划

位于北部湾北部的广西北部湾经济区是我国西部大开发地区唯一的沿海区域, 也是我国与东盟国家既有海上通道、又有陆地接壤的区域, 区位优势明显, 战略地位突出。北部湾经济区立足北部湾, 面向东南亚, 服务西南、华南和中南, 以构建面向东盟开放合作示范区、广西高水平开放高质量发展引领区、西部陆海新通道门户枢纽和"一带一路"有机衔接的重要门户为目标, 建设中国—东盟开放合作的物流基地、商贸基地、加工制造基地和信息交流中心。北部湾经济区将利用沿海、沿边优势, 发展壮大临港、沿边产业集群, 积极发展石油化工、金属新材料、食品、造纸、旅游、跨国物流、金融服务等产业, 积极培育新一代信息技术、高端装备制造、海洋产业、清洁能源、生物医药和健康养老等新兴产业, 形成战略性新兴产业集聚区, 并对接、融合、联动大湾区, 提升与大湾区互联互通水平, 深度融入大湾区产业链、创新链, 打造成为沿海沿边沿江开放合作、产业协同发展引领区。随着"强龙头、补链条、聚集群、抓创新、创品牌、拓市场"工业高质量发展, 北部湾经济区建设成为广西开放程度最高、引领能力最强的区域, 并形成推动广西开放发展的核心增长极以及中国沿海经济发展新的一极。

（2）中国（广西）自由贸易试验区

2019 年, 国务院同意设立中国（广西）自由贸易试验区（以下简称"广西自贸区"）,

明确指出建立广西自贸区是党中央、国务院作出的重大决策，是新时代推进改革开放的战略举措。广西自贸区将全面落实中央关于打造西南中南国家开放发展新的战略支点的要求，发挥广西与东盟国家陆海相邻的独特优势，着力建设西南中南西北出海口、面向东盟的国际陆海贸易新通道，形成"21 世纪海上丝绸之路"和"丝绸之路经济带"有机衔接的重要门户。作为广西自贸区的主要空间布局及片区之一，北部湾钦州港片区重点发展港航物流、国际贸易、绿色化工、新能源汽车、电子信息、生物医药等产业，打造国际陆海贸易新通道门户港和向海经济集聚区。随着广西自贸区的不断深入实施，北部湾作为中国与东盟合作的前沿阵地，其港航体系将进一步深化发展，新制造、新能源、新材料等产业或跨国公司向北部湾沿海集聚，海洋经济现代产业体系逐步完善，实现北部湾经济跨越发展。

（3）西部陆海新通道

西部陆海新通道位于我国西部地区腹地，北接"丝绸之路经济带"，南连"21 世纪海上丝绸之路"，协同衔接长江经济带，在区域协调发展格局中具有重要战略地位。广西将以西部陆海新通道建设为牵引，着力加快通道和物流基础设施建设，大力提升运输能力和物流发展质量效率，深化国际经济贸易合作，促进交通、物流、商贸、产业深度融合，为加快构建广西"南向、北联、东融、西合"全方位开放发展新格局，推动广西高质量发展、建设现代化经济体系提供有力支撑。到 2025 年，基本建成经济、高效、便捷、绿色、安全的西部陆海新通道。北部湾港集装箱年吞吐量超过 1 000 万标准箱，海铁联运集装箱运量达到 60 万标准箱；西部陆海新通道广西重大基础设施项目基本建成，北部湾港货物吞吐能力超过 3 亿 t。作为西部陆海新通道上重要支点的北部湾，将成为繁忙海运通道，北部湾周边经济区将更加深入融合发展，临港经济和国际贸易不断繁荣。

（4）向海经济

为深入贯彻落实习近平总书记视察广西重要讲话精神和党的十九大关于加快建设海洋强国重大决策部署，广西作出了关于加快发展向海经济、推动海洋强区建设的决定。广西将牢牢把握西部陆海新通道和粤港澳大湾区建设重大机遇，以深化供给侧结构性改革为主线，以产业新旧动能转换为统领，以改革、创新、开放、合作为动力，立足海洋资源优势，构建向海经济现代产业体系、拓展蓝色发展空间、推动陆海经济统筹发展、营造绿色可持续的海洋生态环境，加快推进海洋强区建设，努力将广西打造成为"一带一路"向海经济北部湾先行区。力争到 2025 年，广西向海经济实现跨越发展，向海经济空间布局趋于合理，向海产业体系支撑带动作用突出。以海洋经济、沿海经济带经济、沿边沿江通道经济为主体的向海经济总产值达到 7 000 亿元，占地区 GDP 比重达 25%。

（5）北部湾发展需求

北部湾背靠中国西南、中南，面向东南亚，处于中国与东盟开放合作的中枢位置，是中国西南、中南地区走向国际市场的便利出海口，是中国面向东盟扩大开放合作的前沿地带。无论是对中国，还是对广西区域，北部湾均具有重要的战略地位，都是未来经济发展的新的增长极。从以上的相关规划可知，我国需要北部湾发展成为西部入海的新通道以及作为中国与东盟国家贸易的中心地带。而广西将北部湾经济区作为自治区发展的龙头，是以后广西发展的重点方向，随着向海经济理念的不断深入，北部湾作为经济发展的载体，需求也将不断拓展。以电子信息、石化、冶金及有色金属产业为龙头的临海(临港)产业不断在北部湾集群，打造全国独有的"油、煤、气"三头并进的多元化临海石化产业体系，建设国家级冶金创新平台、有色金属加工基地，建成西南最大的石化产业基地等向海经济需求将成为北部湾发展的新需求和新压力。

1.1.3　北部湾入海流域概况

自西向东注入北部湾海域的常年性河流中，流域面积较大的主要有中国的九洲江、白沙河、南康江、西门江、南流江、大风江、钦江、茅岭江、防城江、北仑河和越南的红河等。根据《广西独流入海河流径流量分析计算成果报告》等相关资料，本节汇总了北部湾入海流域的总体概况。北部湾主要入海河流基本情况见图 1.1-2 和表 1.1-1。

表 1.1-1　主要入海河流基本情况

河流名称	河流长度/km	流域面积/km²	多年平均流量/(m³·s⁻¹)	河口所在地
九洲江	167	3 396	—	铁山港、安铺港
白沙河	71.7	654	16.2	丹兜海
南康江	31	198.3	4.91	营盘镇近岸
西门江	43.06	262	2.78	廉州湾
南流江	287	9 507	233	北海市
大风江	185	1 927	59.0	北海市、钦州市
钦江	195.26	2 391.34	64.4	钦州市
茅岭江	117	2 875	49.0	钦州市、防城港市
防城江	100	750	32.7	防城港市
北仑河	107	1 187	94.2	防城港市与越南界河
红河	1 280	156 000	—	越南

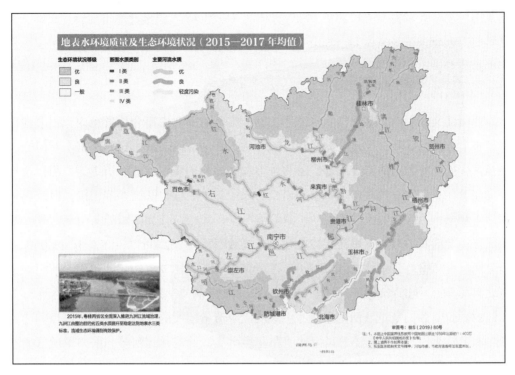

图 1.1-2　广西北部湾主要入海河流分布示意

（1）九洲江

九洲江是跨中国广东、广西两省（区）独流入海的河流，发源于广西陆川县，流经广西玉林市陆川县、博白县和广东湛江廉江市，注入北部湾的铁山港。九洲江全长 167 km，流域面积 3 396 km²。九洲江主要为丘陵河流特征，比降中等偏大，支流比降较大，丰、枯水期流量变化幅度比较大，汛期径流集中，一般 5—9 月径流量占全年流量的 80%。九洲江集雨面积 10 km² 以上的一级支流有 20 条，其中陆川县 16 条，博白县 4 条；二级支流有 5 条。

（2）白沙河

白沙河流经玉林市博白县大垌镇、那卜镇、松旺镇、双旺镇、沙陂镇、龙潭镇，于合浦县的白沙镇入北部湾。白沙河有 3 条主要的支流：跃河、蕉林河、潭莲河。全流域面积 654 km²，河长 71.7 km，河流比降 1.4‰。流域内气候温和，雨量充沛，雨热同期。流域多年平均流量 16.2 m³/s，多年平均径流量为 6.5×10⁸ m³。流域内主要的水利工程有大型水库老虎头水库，小（1）型水库 3 座，小（2）型水库 8 座及引水陂坝 5 座等。

（3）南康江

南康江是广西北海市东部铁山港区较大的独流入海河流之一，发源于合浦县石康镇瓜山村委会大垌村，流域面积 198.3 km²，河长 31 km，流经北海市南康、兴港、营盘等镇，在营盘镇彬塘村委会青山头海域，南康江多年平均径流量为 1.55×10⁸m³，多年平均流量为 4.91 m³/s。

（4）西门江

西门江又称周江、廉州江、合浦河，位于广西南部北海市合浦县境内，由北向南贯穿整个合浦县县城，地理坐标为 21°50′—22°36′N，108°30′—109°30′E。西门江曾经是古合浦丝绸之路的黄金水道，是北海市和合浦县的重要河流。历史上西门江上游在周江口（21°46′N，109°16′E）从南流江分支出来，并与七里江下游相接，但因南流江河床变低，西门江引流河道泥沙淤积等情况，目前西门江周江口处与南流江处于断流状态，上游基本只与七里江相接。西门江流域面积为 262 km²，干流河长 43.06 km，干流流经石湾镇、合浦县城（廉州镇），在党江镇马头村陈屋屯注入廉州湾，西门江自东北向西南，河道弯曲多，河床切割不深，河岸高 2~3 m。多年平均径流量为 0.87×10⁸m³。西门江流域河网密集，一级支流中流量较大的支流主要为七里江和清水江，水量较小的有廉东支流、风门岭河和联通南流江的马江运河等，廉州镇城区内有 3 条城市支流，此外流域内还有十余条灌溉渠支流流通西门江。

（5）南流江

南流江地处广西东南部，发源于广西玉林市大容山，流域范围 21°35′54″—22°52′32″N，109°00′03″—110°23′12″E，是广西南部独流入海诸河中流程最长、流域面积最广、水量最丰富的河流。干流地跨广西壮族自治区的玉林市（含北流市、玉州区、福绵区）和博白、浦北、合浦等县，另有支流流经兴业县、陆川县、灵山县。

南流江干流全长 287 km，流域面积 9 507 km²，平均坡降 0.35‰。南流江干、支流跨越玉林、钦州、北海 3 个地级市 10 个县（市、区），合浦县党江水闸以下属感潮河段，各县（市、区）的流域面积见表 1.1-2。

表 1.1-2　南流江流域在各行政区境内的流域面积

行政区域	流域面积/km²	行政区域	流域面积/km²	行政区域	流域面积/km²
玉林市	5 425.7	钦州市	2 700.43	北海市	1 381.2
其中					
北流市	750.2	浦北县	1 807	合浦县	1 381.2
玉州区	464	灵山县	869.43		
福绵区	787	钦南区	24		
兴业县	560				
博白县	2 361.5				
陆川县	503				

南流江有支流 61 条,其中,南流江一级支流面积 50 km² 以上的有 32 条,集雨面积大于 100 km² 的支流有清湾江、定川江、新桥江、旺老江、沙田河、绿珠江、鸦山江、水鸣河、合江、小江、张黄江、武利江、洪潮江 13 条,见表 1.1-3。

表 1.1-3　南流江 100 km² 以上河流特征

序号	河流名称	河流等级	集水面积/km²	河长/km	起点	终点
1	清湾江	右一级	367	40	北流大里镇高垌村	福绵区福绵镇新江村
2	定川江	右一级	683	59	兴业葵阳镇四新村	福绵区福绵镇船埠圩
3	新桥江	左一级	537	61	北流六麻镇六美村	玉州区新桥镇田横村
4	旺老江	右一级	102	27	玉州区樟木镇三塘村	玉州区樟木镇旺老村
5	沙田河	左一级	213	40	陆川大桥镇瓜头村	陆川沙田镇大江村
6	绿珠江	右一级	350	44	玉州区樟木镇六答村	博白绿珠镇珠江村
7	鸦山江	左一级	241	42	兴业小平山乡金华村	福绵区福绵镇中坡村
8	水鸣河	右一级	176	33	博白永安镇新祥村	博白大利镇龙利村
9	合江	左一级	581	51	博白新田镇亭子村	博白合江镇新郑村
10	小江	右一级	905	87	浦北福旺镇大双村	博白菱角镇小马口村
11	张黄江	右一级	424	52	浦北龙门镇赵村坪*	博白泉水镇上埔村
12	武利江	右一级	1 223	127	浦北福旺镇坪铺村	合浦石康镇筏埠村
13	洪潮江	右一级	472	46	灵山伯劳镇菱塘村	合浦石湾镇永康村

* 为当地叫法。

(6)大风江

大风江发源于广西灵山县伯劳乡万利村,向西南流至钦州与合浦交界,于钦州犀牛脚炮台角入海;河流全长 185 km,流域面积 1 927 km²,流域平均高程为 43.2 m,总落差 45.8 m,钦州境内河流长 105 km,合浦县境内流域长度 39 km。据坡朗坪水文观测站观测,大风江多年平均流量为 59.0 m³/s,多年平均径流量为 1.86×10⁹m³,年径流深 1 100 mm,多年平均输沙量 36 万 t。大风江径流年均分配不均匀,汛期径流量约占 80%。

(7)钦江

钦江发源于灵山县平山镇东山山脉东麓白牛岭,于钦州西南部附近呈网状河流注入茅尾海;流域范围 21°50′—22°36′N,108°30′—109°30′E,干流全长约 195.3 km,流域面积 2 391.34 km²,钦江上游(灵山县境内)河宽约 50 m,平常水深 0.4 m 左右;中游(青塘至久隆河段)河宽约 70 m,平常水深 1.2 m;下游(牛头湾以下河段)河宽约 150 m,平常水深 1.5 m 左右。

钦江流域主要的支流有灵山河、见田岭江、那隆水、太平河等 13 条较大支流，其中流域面积大于 50 km² 的支流有 12 条。钦江青年水闸至入海口属感潮河段。

（8）茅岭江

茅岭江发源于钦北区板城乡，由北向南流经钦州境内，于防城港市茅岭镇东南侧流入茅尾海；流域范围 21°34′52″—22°28′01″N，108°10′55″—109°09′12″E。干流全长 117 km，流域面积 2 875 km²，平均河床坡降为 0.69‰，总落差 135 m，集雨面积在 100 km² 以上的一级支流有板城江、那蒙江、大寺江、大直江 4 条，二级支流有贵台江、滩营江 2 条，三级支流有那湾河、平旺水（防城港境内）2 条。

（9）防城江

防城江发源于十万大山南麓，流经防城港扶隆、那隆、大菉、华石、防城等乡镇后，于防城港渔沥岛北端分为东、西两支流入防城湾。防城江全长约 100 km，流域面积 750 km²，属山区性河流，流量随季节不同而变化大。据长岐水文站（距河口约 40 km）实测资料分析，多年平均流量为 32.7 m³/s，最大洪峰量为 5 450 m³/s，最小流量为 0.15 m³/s。防城江在防城镇至入海口属感潮河段。

（10）北仑河

北仑河发源于东兴市峒中镇捕龙山东侧，全长 107 km，流域面积 1 187 km²，在中国境内流域面积 761 km²，多年平均径流量 15.22 亿 m³，平均河床坡降 7.17‰。北仑河下游 60 km 是中国与越南之间的过境边界线，最终由西北往东南方向在东兴市和越南芒街之间流入北部湾。北仑河流域雨量充沛，雨量和径流量主要集中在 5—9 月，占全年总降雨量的 80%。

（11）红河

红河流域（20°00′—25°30′N，100°00′—107°10′E）涉及中国、越南、老挝 3 个国家，流域总面积约 15.6 万 km²，其中位于越南的流域面积约占总面积的 50.3%，位于中国的约占 48.8%。红河干流的源头位于中国云南省，在中国命名为元江，干流全长 1 280 km，其中中国境内 695 km。红河水系主要由元江—红河干流和黑水河、泸江、锦江等支流组成。红河流域多年平均径流量为 $1.34×10^{11}$ m³，中国出境径流量占 39%，越南占 61%。红河越南境内山西站监测的多年平均径流量为 $1.108×10^{11}$ mm³。

在注入北部湾的这些河流中，对北部湾水文要素（尤其是盐度）影响最大的是红河。据 1960 年和 1962 年的统计，流入北部湾诸河流的径流总量为 $1.4×10^{11}$ m³，而越南沿岸的河流径流量占 94.5%，我国沿岸的河流径流量只占 5.5%。越南的红河，年径流量占注入北部湾径流总量的 75% 左右（侍茂崇等，2016）。

1.2　北部湾环境现状

1.2.1　北部湾水质环境现状

北部湾水质环境现状分析主要采用广西、广东和海南北部湾沿岸 2018 年监测结果，其中广西、广东北部湾沿岸水质环境由广西海洋环境监测中心站进行监测，海南北部湾近岸监测数据根据海南省生态环境厅信息公开的数据进行分析（http：//hnsthb. hainan. gov. cn/xxgk/0200/0202/hjzl/hyhjzl/201903/t20190320_2446912. html）。

（1）监测概况

2018 年，在北部湾近岸海域布置 70 个监测点位，其中广西北部湾海域 44 个，广东北部湾海域 6 个，海南西部近岸 20 个。2018 年，开展了 3 期海水水质监测，分别于春季（4—5 月）、夏季（7—8 月）和秋季（10—11 月）进行。

监测因子包括水温、水深、透明度、盐度、pH、溶解氧、悬浮物、化学需氧量（采用碱性高锰酸钾法）、生化需氧量（BOD_5）、无机氮（硝酸盐氮、亚硝酸盐氮、氨氮）、非离子氨（统计）、总氮、总磷、活性磷酸盐、活性硅酸盐、氰化物、硫化物、挥发性酚、石油类、总有机碳、阴离子表面活性剂、铜、铅、镉、汞、锌、砷、镍、总铬、六价铬、硒、六六六、滴滴涕、马拉硫磷、甲基对硫磷、苯并（a）芘、叶绿素 a、大肠菌群、粪大肠菌群共 41 项。

海水水质采样及分析技术依据为《海洋监测规范》（GB 17378—2007）、《近岸海域环境监测规范》（HJ 442—2008）等，具体分析方法详见表 1.2-1。

表 1.2-1　海水水质分析方法及技术依据

序号	项目	分析方法	技术依据
1	透明度	透明圆盘法	《海洋监测规范》（GB 17378—2007）
2	水温	表层水温表法	《海洋监测规范》（GB 17378—2007）
3	pH	pH 计法	《海洋监测规范》（GB 17378—2007）
4	盐度	温盐深仪法	《海洋监测规范》（GB 17378—2007）
5	溶解氧	电化学探头法	《水质　溶解氧的测定　电化学探头法》（HJ 506—2009）
6	悬浮物	重量法	《海洋监测规范》（GB 17378—2007）
7	化学需氧量	碱性高锰酸钾法	《海洋监测规范》（GB 17378—2007）
8	生化需氧量	五日培养法	《海洋监测规范》（GB 17378—2007）

续表

序号	项目	分析方法	技术依据
9	硝酸盐氮	镉柱还原法	《海洋监测规范》（GB 17378—2007）
		流动注射比色法	《近岸海域环境监测规范》（HJ 442—2008）
10	亚硝酸盐氮	萘乙二胺分光光度法	《海洋监测规范》（GB 17378—2007）
		流动注射比色法	《近岸海域环境监测规范》（HJ 442—2008）
11	氨氮	次溴酸盐氧化法	《海洋监测规范》（GB 17378—2007）
12	总氮	过硫酸钾氧化法	《海洋监测规范》（GB 17378—2007）
13	总磷	过硫酸钾氧化法	《海洋监测规范》（GB 17378—2007）
14	活性磷酸盐	磷钼蓝萃取分光光度法	《海洋监测规范》（GB 17378—2007）
		流动注射比色法	《近岸海域环境监测规范》（HJ 442—2008）
15	活性硅酸盐	流动注射比色法	《近岸海域环境监测规范》（HJ 442—2008）
16	挥发性酚	连续流动比色法	《近岸海域环境监测规范》（HJ 442—2008）
17	氰化物	连续流动比色法	《近岸海域环境监测规范》（HJ 442—2008）
18	总有机碳	总有机碳仪器法	《海洋监测规范》（GB 17378—2007）
19	石油类	荧光分光光度法	《海洋监测规范》（GB 17378—2007）
20	阴离子表面活性剂	亚甲基蓝分光光度法	《海洋监测规范》（GB 17378—2007）
21	硫化物	亚甲基蓝分光光度法	《海洋监测规范》（GB 17378—2007）
22	铜	萃取法——电感耦合等离子体质谱法	《近岸海域环境监测规范》（HJ 442—2008）
23	铅		
24	锌		
25	镉		
26	总铬		
27	镍		
28	六价铬	二苯碳酰二肼分光光度法	《水质六价铬的测定二苯碳酰二肼分光光度法》（GB 7467—1987）
29	汞	原子荧光法	《海洋监测规范》（GB 17378—2007）
30	砷	原子荧光法	《海洋监测规范》（GB 17378—2007）
31	硒	原子荧光法	《近岸海域环境监测规范》附录K（HJ 442—2008）
32	叶绿素a	分光光度法	《海洋监测规范》（GB 17378—2007）
33	粪大肠菌群	发酵法	《海洋监测规范》（GB 17378—2007）
34	大肠菌群	发酵法	[参考《海洋监测规范》（GB 17378—2007）]

序号	项目	分析方法	技术依据
35	苯并(a)芘	液液萃取和固相萃取高效液相色谱法	参考《水质　多环芳烃的测定　液液萃取和固相萃取高效液相色谱法》(HJ 478—2009)
36	马拉硫磷	气相色谱法	参考《水、土中有机磷农药测定的气相色谱法》(GB/T 14552—2003)
37	甲基对硫磷		
38	六六六	气相色谱法	《海洋监测规范》(GB 17378—2007)
39	滴滴涕		

（2）结果分析与讨论

采用《海水水质标准》(GB 3097—1997)相关限值进行评价，2018 年，春季、夏季和秋季水质主要以第一类和第二类水质为主。超第二类水质类别的监测因子主要为无机氮和活性磷酸盐。2018 年春季，广西北部湾近岸海域第一、第二类水质点位比例为 88.6%，无第三类水质，第四类水质点位比例为 2.3%，劣四类水质点位比例为 9.1%，劣四类水质主要分布在茅尾海；2018 年夏季，广西北部湾近岸海域第一、第二类水质点位比例为 77.3%，第三类水质点位比例为 2.3%，第四类水质点位比例为 4.5%，劣四类水质点位比例为 15.9%，劣四类水质也主要分布在茅尾海；2018 年秋季，广西北部湾近岸海域第一、第二类水质点位比例为 77.3%，第三类水质点位比例为 4.6%，第四类水质点位比例为 13.6%，劣四类水质点位比例为 4.5%，劣四类水质主要分布在茅尾海；广东以及海南西部北部湾海域春季、夏季和秋季的第一、第二类水质类别比例均为 100%。以上分析表明，中国北部湾区域污染海域主要分布在广西近岸局部海域，比如茅尾海等，广东、海南北部湾近岸海域水质相对较好。

从北部湾无机氮和活性磷酸盐空间分布分析结果显示，营养盐浓度基本呈现从近岸到近海逐渐下降的趋势。北部湾无机氮浓度春季高值区主要分布在广西近岸海域，特别是茅尾海海域，其次是铁山港海域，广东以及海南北部湾近岸浓度相对较低；夏季，无机氮浓度高值区也分布在广西近岸的茅尾海，其次是琼州海峡的广东和海南北部湾近岸；秋季无机氮浓度高值区分布在广西近岸海域的茅尾海和廉州湾，其次是琼州海峡以及海南近岸海域。

活性磷酸盐浓度分布与无机氮浓度相似，春季北部湾活性磷酸盐浓度高值区分布在广西茅尾海、廉州湾、防城港湾等主要河口海湾以及广东西部的北部湾海域，海南近岸海域活性磷酸盐浓度较低；夏季北部湾活性磷酸盐浓度高值区主要分布在广西茅尾海，其次是广东和广西交界海域的铁山港湾以及琼州海峡至涠洲岛东南部的北部湾海域；秋季，北部湾海域活性磷酸盐浓度高值区主要分布在广西茅尾海至廉州湾的近岸河口海域，广东和海南西部北部湾海域活性磷酸盐浓度相对较低。

总体来说，无论是春季、夏季还是秋季，整个北部湾海域氮磷营养盐浓度基本呈现相似的分布特征，广西近岸海域营养盐浓度相对较高，其次是琼州海峡，而海南西南部以及广东中西部的北部湾海域营养盐浓度相对较低。而在广西近岸海域，营养盐浓度高值区在不同季节中均主要分布在茅尾海，与茅尾海天然的半封闭袋状海湾以及钦江、茅岭江两条入海河流携带大量的氮磷污染物有关。研究结果与北部湾的其他研究结果类似，北部湾近岸海域氮磷营养盐浓度时空分布主要受到陆源污染的影响（李斌等，2018），营养盐浓度呈现湾内—湾口—外湾递减的趋势，且无机氮、活性磷酸盐浓度高值区主要分布在钦州湾等近岸海域（李萍等，2018；袁涌铨等，2019）。除了广西大型入海河流的影响，琼州海峡西行水携带的来自珠江口和粤西沿岸的营养物质，也是影响北部湾氮磷营养盐分布及其水质状况的主要因素，这与前人对北部湾营养物质来源的研究成果相似（侍茂崇和陈波，2015；朱冬琳等，2019）。

1.2.2 北部湾生态环境现状

北部湾位于热带和亚热带，生物多样性丰富，分布有珊瑚礁、红树林和海草床三大典型的海洋生态系统。北部湾东部海域发育有典型的全新世珊瑚岸礁，主要分布在海南岛东方站以北沿海、广东徐闻西南沿海和广西涠洲岛附近海域。北部湾大岸礁是大陆沿岸（不受暖流影响）最高维度的珊瑚礁，被称为"高纬度珊瑚礁"或"边缘珊瑚礁"，是对气候变化最敏感的区域之一（张文静等，2020）。其中，广西涠洲岛历年来累计记录并鉴定的造礁石珊瑚共有13科34属82种。涠洲岛公山珊瑚礁重点保护区优势种为佳丽鹿角珊瑚、交替扁脑珊瑚和标准蜂巢珊瑚；坑仔珊瑚礁资源适度利用区以叶状牡丹珊瑚占优势，常见种有标准蜂巢珊瑚、小片菊花珊瑚和中华扁脑珊瑚等；竹蔗寮瑚礁资源适度利用区以直枝鹿角珊瑚、多枝鹿角珊瑚、叶状蔷薇珊瑚为优势种。研究表明，涠洲岛珊瑚礁生物群落中石珊瑚优势属种由块状滨珊瑚、蜂巢珊瑚、扁脑珊瑚、片状蔷薇珊瑚、牡丹珊瑚和枝状鹿角珊瑚形态的组合逐渐向相对简单的块状滨珊瑚、角蜂巢珊瑚和片状蔷薇珊瑚形态组合转化（周浩郎和黎广钊，2014），对生存环境要求较为严格的枝状珊瑚大量减少，说明涠洲岛珊瑚礁生态系统呈现衰退的趋势（王文欢，2017）。

北部湾周边河口海湾红树林分布广泛。北部湾中国境内的广西、广东和海南的红树林分布面积约占全国红树林面积的90%（丁小芹，2018）。广西沿海红树林分布最为密集，红树林面积占全国红树林面积的32.7%，主要分布于英罗港、丹兜海、铁山港、廉州湾、大风江、茅尾海、东西湾、珍珠湾、北仑河口等海湾与河口。广西分布有红树植物12种(含2种外来种),占全国种数的44%,另有半红树植物8种。优势树种是白骨壤、秋茄和桐花树。北部湾越南沿海地区红树林覆盖面积较大,自北向南,从与中国接壤的广宁省开始,到海防省的红河三角洲都有沿岸红树林密集分布,越南北部湾沿海红树林面积在2016年约为669 km²(王武霞等,2017)。通过对北部湾中越两国红树林差异性研究发现,北部湾北部中国境内海湾较多,红树林分布相对稀疏,斑块面积较小;越南北部分布密集,斑块面积加大。北部湾中国境内红树林变化的驱动因素由2000年以前的养殖池塘转化为2015年的人工表面为主,而越南红树林变化的驱动因素历年来均以养殖池塘为主(王武霞等,2017)。红树林是北部湾重要的海洋湿地生境,其叶、花、茎、枝等以凋落物的方式为幼虾、蟹、众多幼鱼和底栖动物等海洋生物提供丰富的营养物质,形成一个高生产力和较高多样性的生态系统。

北部湾海草床主要分布于中国境内,其中广西海草床分布主要位于北海市铁山港湾以及防城港市珍珠湾,群落类型为卵叶喜盐草、日本蔓草和贝克喜盐草群落。海草床是独特的海洋生态系统,是生物圈中最具生产力的水生生态系统之一,可以增加相关生物体的生物多样性,是许多鱼类和无脊椎动物种群的育苗场、觅食区和避难所。近年来,海草床退化严重,海草床海域破坏性挖捕和养殖以及围填海等人类活动是海草种类、面积退化的主要因素。2014年广西海草总面积为777.13 hm²,较2008年面积减少了165 hm²。

珊瑚礁、红树林和海草床只是北部湾几类具有特色的海洋生态系统,在北部湾沿岸还有众多河口、海湾,这些也是北部湾不同的生态系统,它们具有各自的生物多样性特点。同时,北部湾海洋生物种类丰富,是南海生物资源生产力最高的海域之一,也是我国四大渔场之一。与全世界海洋生态变化趋势一致,在气候变暖、酸化等大尺度全球气候变化的自然因素以及污染物排放、过度捕捞、沿海围垦等人类活动影响下,北部湾海洋生态系统及生物多样性呈现一定程度的退化趋势。

1.2.3 北部湾生态环境保护需求

党的十八大把生态文明建设纳入"五位一体"总体布局,融入经济建设、政治建设、文化建设、社会建设各方面和全过程,确立了建设美丽中国的宏伟目标。党的十九大把新时代坚持和发展中国特色社会主义基本方略中的"坚持人与自然和谐共生"作为一条基本方略,把污染防治攻坚战作为国家三大攻坚战之一来抓,将生态文明写入《中华人民共和国宪法修正案》。在习近平生态文明思想的指引下,"绿水青山就是金山银山"绿色发展理念深入人心的背景下,北部湾作为我国"良好"水质加以保护,确保生态环境质量不下降成为当前生态环境管理部门最重要的任务之一。北部湾的生态环境保护是国家和广西壮族自治区落实习近平生态文明思想的重要战场和实践基地。北部湾作为中国—东盟开放合作的主要窗口，保护好北部湾生态环境质量是落实人类命运共同体理念，为区域生态环境治理体系提供中国方案，积极支撑国际履约和参与全球海洋生态环境治理的重要平台和举措。

除了国家层面上的政策需求，北部湾特有、重要的生态环境特征也是主要的保护需求依据。北部湾作为一个半封闭海湾，受入海河流等陆源污染的影响，局部河口海湾水质较差，如何控制陆源污染物入海量，改善河口海湾水质是沿海政府重要的工作任务。且北部湾红树林、珊瑚礁、海草床等典型的、丰富的海洋生态系统多样性在全球海洋生态系统中具有其特殊性和重要性，研究并保护好这些典型生态系统对维持和提高全球生物多样性，增加二氧化碳的储量并缓解全球气候变化具有重要作用。

1.3 北部湾发展制约因素和突出环境问题

1.3.1 北部湾发展制约因素

作为我国西部沿海的重要阵地，随着国家和广西重要政策的不断落实，北部湾将迎来新的发展浪潮，如何协调好发展与生态环境保护之间的关系是目前存在的最大难题。北部湾是一个半封闭海湾，水深相对较浅，水交换能力相对较弱，除琼州海峡出口和北部湾南出口水体存留时间短之外，北部湾中部海域水体平均存留时间最长（方雪原，2014），北部湾整体环境容量不大。环北部湾局部海域排污区如洋浦等由于海域开阔，水动力扩散条件好，海洋环境容量相对较大，其余排污区环境容量均不大，根据模型测算，环北部湾经济区在规划的 2020 年可能出现 33% 的近岸排污区环境容量超载（龙颖贤等，2014）。北部湾岸线曲折，湾汊众多，半封闭大湾中套嵌许多半封闭的小海湾，比如钦州湾、廉州湾、铁山港湾等，这些小海湾承担着入海河流带来的大量的陆源污染物，水质相对较差，加上水深浅、滩涂面积大等自然条件限制以及围填海等人类活动影响，水交换能力不强，环境容量较低。因此，从整体上看，北部湾受到粤西污染物自琼州海峡携带进入及南海、沿岸径流和地形条件多种客观因素的影响，呈现其特有的水动力学特征和水体交换特征，也决定了其自身承受外来载荷不强的环境容量，是目前和将来如火如荼的经济发展的主要制约因素。

相对于中国其他海湾，北部湾整体水质良好，是我国为数不多的良好海湾。在以改善海洋生态环境质量为核心，建设"美丽海湾"的"十四五"海洋生态环境保护规划的指引下，北部湾自身良好生态环境质量持续向好的空间很小，而且随着周边经济建设项目的不断落地，维持北部湾生态环境质量不下降并持续好转的压力很大。同时，北部湾分布有红树林、珊瑚礁、海草床等典型海洋生态系统，这些典型生态系统均分布于近岸海域，易受到沿海工业、交通、渔业等人类活动的影响，在目前局部生态系统如红树林、海草床出现退化的情况下，如何确保在经济不断发展中，恢复已受损的典型生态系统，保持北部湾典型海洋生态系统服务功能不下降，提高社会公众的获得感是北部湾发展需要考虑的重大问题，也是维持环北部湾经济可持续发展的基础。

1.3.2　北部湾突出环境问题

近岸局部河口海湾水质较差、氮磷营养物质浓度增加造成的河口海湾富营养化程度加剧是目前北部湾突出的环境问题。由于半封闭、水动力条件弱等自然条件限制，加上陆源污染物的不断输入累积，北部湾近岸局部海域水环境质量不稳定甚至出现下降的趋势。以广西近岸海域为例，茅尾海是水质污染最为严重的海湾，近 5 年（2015—2019 年），广西钦州湾的茅尾海水质持续以第四类、劣四类水质为主。除茅尾海外，广西近岸廉州湾、钦州港、铁山港和防城港湾局部海域水质波动变化较明显，水质不稳定。如防城港东湾 2017 年达到第四类水质，活性磷酸盐浓度在 2017 年显著升高；廉州湾外沙港和南流江口附近海域偶有第四类水质出现；铁山港中北部海域出现第三类水质。

氮磷营养盐是北部湾近岸海域水质污染的主要因子。近 5 年（2015—2019 年），北部湾广西近岸海域无机氮、活性磷酸盐呈现一定程度的上升趋势（图 1.3-1）。其中，2018 年的无机氮、活性磷酸盐的平均浓度分别较 2015 年上升了 46% 和 76%。活性磷酸盐的影响越来越显著，近 5 年，廉州湾、钦州港、茅尾海年平均活性磷酸盐浓度分别增加了 1.8 倍、1.4 倍和 1.2 倍，防城港东湾活性磷酸盐浓度最高超第二类水质标准 4.5 倍。氮磷浓度的增加造成富营养化程度的加剧，2015—2018 年，北部湾北部近岸海域富营养化指数显著上升（见图 1.3-2）。北部湾茅尾海近 5 年从中度富营养上升

图 1.3-1　北部湾北部氮磷营养盐浓度变化

至重度富营养化水平，2018 年达到严重富营养化水平；铁山港从贫营养上升至中度富营养化水平；钦州港部分海域从轻度富营养上升为中度富营养化水平；廉州湾从贫营养上升至轻度富营养化水平。北部湾局部海域富营养化并不是近期出现的，钦州湾茅尾海在 2006 年之后就处于中度甚至重度富营养化水平（蓝文陆和彭小燕，2011；蓝文陆，2012），2011—2012 年，茅尾海总体也呈中度富营养状态（韦重霄等，2017），钦州湾局部海域出现富营养化（杨斌等，2014），说明北部湾局部海域富营养化并没有得到有效抑制并呈现上升趋势，也成为北部湾主要的环境问题之一。

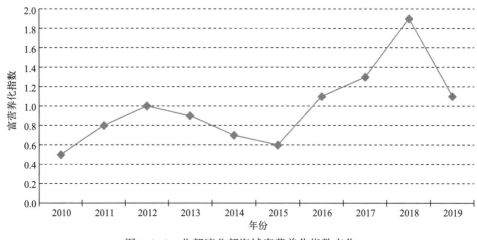

图 1.3-2　北部湾北部海域富营养化指数变化

1.3.3　北部湾突出生态问题

北部湾近岸海域富营养化程度的加剧给浮游植物大量增殖提供物质基础，赤潮发生的风险加大。北部湾海域在 1995 年首次报道在廉州湾发现微囊藻赤潮，此后在 1995—2015 年的 20 年间，北部湾海域共发现赤潮现象 18 次。北部湾赤潮呈现发生频次增加，持续时间变长，有害种类增加，赤潮规模和范围扩大的趋势（罗金福等，2016）。值得关注的是，在北部湾发生的赤潮中，70% 发生在远离大陆的涠洲岛附近海域（Xu et al.，2019），北部湾特有的水文特征，珠江口以及粤西沿岸通过琼州海峡将赤潮藻输运而来是涠洲岛赤潮发生的主要物质基础（侍茂崇和陈波，2015；朱冬琳等，2019）。近年来，北部湾赤潮生态灾害风险开始显现，藻华优势种从之前蓝藻的红海束毛藻、汉氏束毛藻、铜绿微囊藻及甲藻的夜光藻和硅藻的中肋骨条藻、薄壁几内亚藻转变为球形棕囊藻（徐轶肖等，2020）。2011 年在北部湾北部首次记录棕囊藻藻华，之后几乎每年都有棕囊藻藻华发生，发生海域扩展到涠洲岛近岸和整个北部湾沿岸（覃仙玲等，2016）。球形棕囊藻赤潮大面积、大范围的暴发除了影响海洋渔业、生态环境和滨海自然景观，还严重威胁防城港核电站的冷源安全(贺立燕等，2019)，北部湾球形棕囊藻赤潮受到高度关注，并针对赤潮的成因以及预警预报开展了大量的研究，局部区域丰富的硝酸盐可能为球形棕囊藻囊体的形成和暴发提供了营养盐基础(贺成等，2019)。

近岸海域富营养化是绿潮暴发的最直接因素，近年来，北部湾开始出现因浒苔大面积暴发而引起的绿潮。从2014年开始，冬、春季北海近岸海域经常出现浒苔大面积聚集，如2019年2月北海银滩遭到大量浒苔侵袭，浒苔暴发期间每天清理浒苔10 t以上，最高峰一天清理46 t浒苔。北海近岸浒苔暴发破坏了沿岸地区特别是海水浴场的滨海景观和环境，对滨海旅游资源价值造成损失，降低游客的旅游体验，对北海当地旅游业的发展形成潜在的威胁。近岸浒苔暴发还对红树林、海草床等典型生态系统产生不利影响。在红树林海域，大量繁殖的浒苔严重阻碍红树林的呼吸作用；浒苔缠绕在红树林的枝干、树丫、根部，会增加潮水对苗木的冲击力，对红树林苗木易造成机械伤害，对红树林的生长不利。在海草床附近海域，浒苔的大量繁殖和生长，侵占了海草生长的生境，在草斑处大量滞留的浒苔等藻类覆盖在海草表面，妨碍海草的光合作用，影响海草的生长，进而破坏海洋生态系统。

近岸氮磷营养物质的大量输入，河口海区污染造成北部湾红树林虫害频发，近5年(2015—2019年)来，北部湾红树林发生重度虫害，每年平均虫害面积为104 hm^2。北部湾北海市冯家江、廉州湾等地出现了团水虱暴发使红树林大规模死亡的现象，究其原因，主要是近岸红树林生境受到污染。同时，沿海虾塘养殖排放的有机污水和消毒剂、人类排放的生活污水和垃圾以及红树林滩涂放养鸭群和沿海虾蟹的过度捕捞使团水虱天敌减少，红树林容易受到敌害生物的危害，给红树林生态系统健康带来不利影响。

1.3.4 北部湾全流域治理需求

海洋生态系统处于生态系统的最低圈层，自然或人为活动所产生的污染物绝大部分进入海洋，近岸海域可能由于容量有限出现生态系统污染甚至恶化等现象。同时，由于海洋环境的公共属性，"公地悲剧"可能导致海洋环境污染的加剧。且长期以来对陆海生态系统完整性认识的不足、"条块分割"，导致流域、陆域污染未得到有效控制和治理，河口海湾生态系统未得到有效保护和修复。因此，对于近岸海域环境治理，除了需要进一步界定海域产权避免"公地悲剧"，还要对海湾污染来源进行深入分析，从河流、直排海污染源、地下水、大气沉降、水产养殖等不同途径研究影响海湾生态环境质量的主要和次要因素，才能有针对性地提出海湾的治理需求。

如前所述，北部湾突出环境及生态问题的主要根源是河口海湾污染以及富营养化。陆源输入大量的氮磷营养物质是近岸富营养化的最主要因素，其中入海河流影响最大。北部湾沿岸入海河流年总径流量达$(1.5\sim2.0)\times10^{11}m^3$，每年携带数百万吨的营养盐类及有机物入海(陈波等，2020)。在北部湾广西海域，入海河流携带入海的污染物量占总入海总量的90%以上，而在其他海域如邻近北部湾的湛江湾，遂溪河氮磷输入量的占比分别为71.1%和58.8%(张鹏等，2019)，胶州湾的入海河流化学需氧量和氨氮的排放比例为55.6%和67.9%(孙立娥等，2016)。比较表明，相对其他海湾，北部湾广西近岸海域受到入海河流的影响更加显著，减缓和控制河口海湾富营养化程度不仅需要关注海湾本身的环境治理，更需要延伸到入海河流进行从河流到河口的全流域陆海统筹治理。

参考文献

陈波，许铭本，牙韩争，等，2020. 入海径流扩散对北部湾北部环流的影响[J]. 海洋湖沼通报，(02)：43-54.

丁小芹，2018. 中越北部湾海洋生物多样性保护跨国界合作机制初探[D]. 厦门：国家海洋局第三海洋研究所.

方雪原，2014. 北部湾冬夏季环流及其水交换的数值模拟研究[D]. 青岛：中国海洋大学.

贺成，宋书群，李才文，2019. 广西北部湾海域球形棕囊藻囊体时空分布及其影响因素[J].. 海洋与湖沼，50(03)：630-643.

贺立燕，宋秀贤，於凡，等，2019. 潜在影响防城港核电冷源系统的藻类暴发特点及其监测防控技术[J]. 海洋与湖沼，50(03)：700-706.

蓝文陆，彭小燕，2011. 茅尾海富营养化程度及其对浮游植物生物量的影响[J]. 广西科学院学报，27(02)：109-112，116.

蓝文陆，2012. 钦州湾枯水期富营养化评价及其近5年变化趋势[J]. 中国环境监测，28(05)：40-44.

黎树式，黄鹄，戴志军，等，2016. 广西海岛岸线资源空间分布特征及其利用模式研究[J]. 海洋科学进展，34(03)：437-448.

李斌，谭趣孜，李蕾鲜，等，2018. 2014年北部湾主要河流污染状况及污染物入海通量[J]. 广西科学，25(2)：172-180.

李萍，郭钊，莫海连，等，2018. 广西近岸海域营养盐时空分布及潜在性富营养化程度评价[J]. 海洋湖沼通报，3：148-155.

李树华，夏华永，陈明剑，2001. 广西近海水文及水动力环境研究[M]. 北京：海洋出版社.

刘忠臣，刘保华，黄振宗，等，2005. 中国近海及邻近海域地形地貌[M]. 北京：海洋出版社.

龙颖贤，陈隽，韩保新，2014. 环北部湾经济区近岸海域环境容量研究[J]. 中山大学学报(自然科学版)，53(01)：83-88.

罗金福，李天深，蓝文陆，2016. 北部湾海域赤潮演变趋势及防控思路[J]. 环境保护，44(20)：40-42.

侍茂崇，陈波，丁扬，等，2016. 风对北部湾入海径流扩散影响的研究[J]. 广西科学，23(6)：485-491.

侍茂崇，陈波，2015. 涠洲岛东南部海域高浓度氮和磷的来源分析[J]. 广西科学，22(03)：237-244.

苏纪兰，2005. 中国近海水文[M]. 北京：海洋出版社.

苏志，余纬东，黄理，等，2009. 北部湾海岸带的地理环境及其对气候的影响[J]. 气象研究与应用，30(3)：44-47.

孙立娥，王艳玲，刘旭东，2016. 2015年胶州湾主要污染物入海量研究[J]. 中国环境管理干部学院学报，26(06)：66-69.

覃仙玲，赖俊翔，陈波，等，2016. 棕囊藻北部湾株的18S rDNA分子鉴定[J]. 热带亚热带植物学报，24(02)：176-181.

王文欢，2017. 近30年来北部湾涠洲岛造礁石珊瑚群落演变及影响因素[D]. 南宁：广西大学.

王武霞，苏奋振，冯雪，等，2017. 中越北部湾红树林差异性研究[J]. 地球信息科学学报，19(02)：264-272.

韦重霄，赵爽，宋立荣，等，2017. 钦州湾内湾茅尾海营养状况分析与评价研究[J]. 环境科学与管理，42(09)：148-153.

吴敏兰，2014. 北部湾北部海域营养盐的分布特征及其对生态系统的影响研究[D]. 厦门：厦门大学.

徐轶肖，何喜林，张腾，等，[2020-08-31]. 北部湾棕囊藻藻华原因种分析[J/OL]. 热带海洋学报：1-11. http：//kns. cnki. net/kcms/detail/44. 1500. P. 20200616. 1321. 002. html.

杨斌，鲁栋梁，钟秋平，等，2014. 钦州湾近岸海域水质状况及富营养化分析[J]. 中国环境监测，30(03)：60-64.

杨斌，钟秋平，鲁栋梁，等，2014. 钦州湾海域COD时空分布及对富营养化贡献分析[J]. 海洋科学，38(03)：20-25.

袁涌铨，吕旭宁，吴在兴，等，2019. 北部湾典型海域关键环境因子的时空分布与影响因素[J]. 海洋与湖沼，50(03)：579-589.

张鹏，魏良如，赖进余，等，2019. 湛江湾夏季陆源入海氮磷污染物浓度、组成和通量[J]. 广东海洋大学学报，39(04)：63-72.

张文静，郑兆勇，张婷，等，2020. 1960—2017年北部湾珊瑚礁区海洋热浪增强原因分析[J]. 海洋学报，42(05)：41-48.

周浩郎，黎广钊，2014. 涠洲岛珊瑚礁健康评估[J]. 广西科学院学报，30(04)：238-247.

朱冬琳，陈波，牙韩争，等，2019. 广西近海污染物输运模拟研究[J]. 广西科学，26(06)：669-675.

朱海涛，叶明，王佳佳，等，2013. 广西独流入海河流径流流量分析测算结果报告[R]. 南宁：广西南宁鑫海水资源科技有限公司.

Shi M C, Chen C S, Xu Q C, et al., 2010. The role of Qiongzhou Strait in the seasonal variation of the South China Sea circulation[J]. J. Phys. Oceanogr., 32(1)：103-121.

Xu Y X, Zhang T, Zhou J. 2019. Historical occurrence of algal blooms in the northern Beibu Gulf of China and implications for future trends[J]. Frontiers in Microbiology, 10：451.

第2章 茅尾海环境治理需求

北部湾环境概况和问题分析表明，北部湾环境质量整体良好，广西近岸局部海湾特别是茅尾海是北部湾海域污染最严重的海湾，氮磷类营养物质不断输入造成近岸海域氮磷浓度的升高是茅尾海水质污染的主要因素。本章主要聚焦于茅尾海的环境概况，对茅尾海水质现状、污染来源及其水质与入海污染源的关系进行分析探讨，为全面了解和掌握茅尾海环境问题及其全流域的环境治理提供参考。

2.1 茅尾海概况

2.1.1 自然环境概况

（1）地理位置

钦州湾，位于企沙至犀牛角之间的开阔水域，东、西、北三面被陆地包围，仅南面与北部湾相通，是一个半封闭的天然海湾。该湾由内湾（茅尾海）、龙门水道和外湾（狭义的钦州湾）构成，其特点是，中间狭窄、两端宽阔。钦州湾口门宽25 km，纵深39 km，自南向北逐渐减小，在21°42′—21°48′N自西向东发育成龙门港—茅尾海、金鼓江、鹿耳环江等海汊，并以龙门港—茅尾海为主。茅尾海实为钦州湾的内湾，全湾岸线长336 km，海湾面积约380 km²，其中滩涂面积为200 km²。

内湾茅尾海内宽口窄，形似布袋状又如湖泊，是半封闭式的内海，东、西、北三面为陆地所围绕，南面与钦州湾相通。茅尾海东至坚心围，南至亚公山，西至茅岭江口，北至大榄江渡口，海岸线长约120 km，面积约134 km²。南北纵深约18 km，东西最宽处为12.6 km。茅尾海有钦江、茅岭江注入，两河径流携带大量泥沙在河口区附近沉积而不断向茅尾海推进前展，形成了水下复合三角洲，滩涂宽达4~6 km，面积达110 km²。由于茅尾海是一个袋状的宽阔海湾，出海口狭窄，因而涨潮时间长，退潮时间短，潮差大，把出海口处冲刷成一条长7.5 km、宽1.5 km的天然深水潮汐通道，造就了一个天然的深水、避风良港——钦州港，使钦州港具备了10万吨级泊位以上的大港的建设条件，为钦州长远的经济发展奠定了基础。

钦州湾内湾、外湾之间通过龙门水道相连,龙门水道又分为东航道、西航道两支。东航道介于青菜头与炮台角之间,长 7.4 km,宽 160 m,水深 10~18 m,是进入龙门水道的主航道;西航道自青菜头北至大明墩,长 5.6 km,最窄处约 200 m,水深 2~13 m。青菜头以南至外湾有东、中、西 3 支水道直达湾口。西水道,又称大红排航道,位于青菜头西南侧,长约 20.4 km,宽 200~1 000 m,大部分水域水深在 8 m 以上;中水道位于青菜头东南、老人沙左侧,水深一般为 2~6 m,最深处超过 7 m;钦州湾东、西水道约在青菜头以北汇合进入龙门水道。

(2)地形地貌

沿茅尾海海岸地区呈低山丘陵、微斜平原及海漫滩地貌。由于受地质构造影响以及海水长期侵蚀,基本没有大片宽阔平坦陆域。茅尾海海岸大多为砂砾质海岸。从青菜头至亚公山一带礁岛星罗棋布,港汊繁多,蜿蜒曲折,成为典型的台地溺谷。总的来说,该湾段分成东、西两汊,东汊为主,贯通全段,其陆岸为众多弯曲的小海汊分隔的低丘小岛,从岸线至钦州市约 33 km,多为低丘地貌,其间除零星散落一些村庄外,尚无其他重要建筑;西汊为支汊,在湾段以内分汊,较小而短,是现有龙门港之港址所在。其陆岸多为山丘地形,与企沙半岛毗连,岸线附近有龙门镇。

茅尾海北部特别在茅岭江和钦江河口附近沉积发育大片泥沙浅滩,低潮时浅滩大部分露出水面,浅滩总面积占茅尾海湾段面积 80% 以上,被两江河口分流的许多小支汊分割,形成典型的河口拦门沙。

(3)海洋水文特征

茅尾海潮汐性质属非正规全日潮,湾内潮汐日不等现象明显,每月约有 2/3 时间在 1 个太阴日内出现 1 次涨潮和 1 次落潮过程,约有 1/3 时间在 1 个太阴日内出现 2 次高潮和 2 次低潮。潮流以全日潮为主,仍存在半日不等现象,运动形式以往复流为主。实测涨潮平均流速为 8~28 cm/s,落潮平均流速为 9~55 cm/s。实测最大涨潮流速为 83 cm/s,流向为 339°;实测最大落潮流速为 140 cm/s,流向为 152°,均出现在青菜头附近。受河流径流的影响,落潮平均流速大于涨潮平均流速。夏季,茅尾海余流表层流 WSW 向和 SW 向,冬季余流 SSW 向,与夏季基本一致。

茅尾海属于半封闭海湾,风小浪低,年平均波高为 0.40~0.52 m,常见浪为 0~3 级,浪的主要形式为风浪(占 90%),其浪向分布与风向分布一致,冬季以 N 向浪为主，NNE—NE 向风浪频率为 30%～69%；夏季以 SSW 向浪为主，风浪频率为 23%～52%。

（4）入海河流

钦江、茅岭江分别从东北、西北向汇入茅尾海海域，对茅尾海及其邻近水域的泥沙来源、航道、污染和水文环境等都有重要影响。两条河流的径流量均在不同季节中差异较大。夏季径流量最大，占全年径流量的 50%～60%；冬季径流量最小，只占全年径流量的 5%～10%。钦江年输沙量为 46.5 万 t，夏季输沙量最大，约占全年输沙量的 64.82%；冬季输沙量最小，约占全年输沙量的 1.12%。茅岭江全年输沙量为 55.3 万 t，夏季输沙量约占全年输沙量的 44.34%，冬季输沙量约占全年输沙量的 9.44%。根据钦江（陆屋站）实测资料分析，河流中含沙量最大的月份为 4—8 月，9 月至翌年 3 月含沙量最小。

（5）气候特征

茅尾海—钦州湾地处北回归线以南，属亚热带气候区。该区年平均气温 21.9℃，多年平均降雨量 2 234.8 mm。降雨量主要集中在 6—9 月，4 个月的降雨量占年降雨量的 66.7%。气候特点为季节变化明显。冬季，受北方干冷的大陆气团控制，干燥且寒冷的气流盛行，形成东北季风，常带来降温、寒潮、冷阴雨、霜冻和偏北大风等天气。夏季，受暖温的海洋气团控制，高温高湿的偏南气流盛行，形成西南或东南季风，常出现阵雨、雷电、暴雨、台风等天气。春季和秋季，为季风转换的过渡季节。春季，北方干冷的大陆气团减弱而北退，海洋气团增强北伸，使调查海域雨水渐增，气温回升。秋季，海洋气团开始减弱而南缩，北方冷空气又增强南伸，使气温下降，雨水减少。

（6）自然资源

茅尾海常年有钦江、茅岭江注入，咸淡水交汇，滩涂浅海广阔，一般水深在 5 m 以浅，海域温度适中，营养物质和浮游生物丰富，非常适宜大蚝、青蟹、对虾、石斑鱼等名贵海产品的繁殖生长而成为海上的天然牧场。同时，茅尾海海水养殖及种苗繁育条件得天独厚，是中国南方最大的近江牡蛎采苗和养殖基地，被农业部评为"大蚝之乡"，是钦州市海洋渔业养殖基地。

茅尾海红树林资源非常丰富，集中连片的有康熙岭沿岸片区、南定坪片区、尖心围片区以及七十二泾的岛群红树林。沿茅尾海建立了红树林自然保护区，总面积达 6 150 hm²，保护区内红树林物种（含半红树和红树伴生植物）占我国红树种类的 43.2%，占广西红树种类的 69.6%。其中，珍稀红树林植物有爵床科的老鼠簕，濒危树种有红树科的木榄和红海榄。该保护区拥有独特的岩生红树林和七十二泾的"龙泾还珠"岛群红树林景观，是全国最大、最典型的岛群红树林区。

2.1.2　社会环境概况

茅尾海沿海地区在行政上分属钦州市钦南区的龙门港镇、康熙岭镇、尖山镇、大番坡镇、沙埠镇及防城港市茅岭镇，总面积约 619.5 km²。在行政上分属钦州市的钦南区、防城港市的防城区。

钦南区位于钦州市南部，钦州湾东岸和北岸，是钦州市的政治、经济、文化中心，管辖 4 个街道办事处、11 个镇和 1 个华侨农场，陆地面积 2 215 km²，海岸线 520 km，总人口 57 万。钦南区是广西北部湾经济区城市群中心区，目前已成为广西北部湾临海工业配套产业加工基地，形成了以石化、制糖、制革、制药、制陶、食品加工、修造船、林浆纸为主的临港工业体系，逐渐形成多元化产业格局。2016 年钦南区地区总产值达 244.49 亿元，海水养殖面积约 15 833 hm²，海产品产量达 308 840 t。

防城区地处防城港市的东北，钦州湾的西北面。陆地总面积 2 445 km²，海岸线长约 130 km。辖 6 个镇、8 个乡，总人口 44 万。防城区茅尾海周边企业主要有宏源纸厂等。2016 年，防城区地区总产值达 138.44 亿元，茅尾海周边乡镇海水养殖面积约 1 256 hm²，海产品产量达 91 640 t。

2.2　茅尾海环境质量特征

2.2.1　茅尾海环境质量现状与变化趋势

2.2.1.1　水质评价及变化趋势

（1）年均水质

广西海洋环境监测中心站在茅尾海设置 5 个监测点位，依据《近岸海域环境监测规范》（HJ 442—2008）水质定性评价分级依据进行判定，2019 年茅尾海第四类、劣四类海水比例为 100%，水质为极差。自 2006 年以来，茅尾海水质维持在"差"至"极差"水平，其中 2006—2015 年水质维持"差"，2016 年以后持续为"极差"，近年来水质有所恶化。茅尾海海域 2006—2019 年度水质比例情况见图 2.2-1。

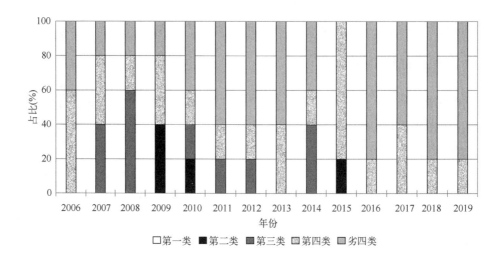

图 2.2-1　2006—2019 年茅尾海年平均海水水质比例情况

2006—2019 年茅尾海第四类、劣四类水质比例在 40%（2008 年）至 100%（2006 年、2013 年、2016—2019 年）之间波动，除 2008 年第四类、劣四类水质比例为 40% 外，其余年份均超过 60%，且 2016 年以来持续为 100%。用 Spearman 秩相关系数法进行分析，2006—2019 年茅尾海第四类、劣四类水质比例变化趋势不具显著性，但从 2009 年开始，茅尾海第四类、劣四类水质呈波动上升趋势（图 2.2-2）。

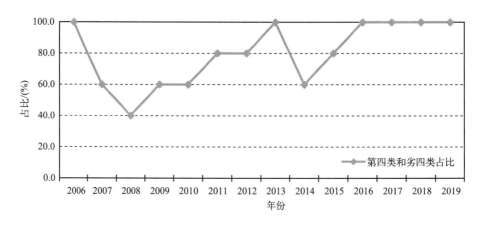

图 2.2-2　2006—2019 年茅尾海第四类和劣四类海水水质比例情况

（2）各水期水质

2006—2019 年，茅尾海海域的枯水期水质处于"一般"至"极差"的水平，劣四类比例为 0%～80%（2006 年、2012 年、2018 年）；丰水期水质处于"差"至"极差"的水平,除了 2015 年第二类水质比例为 20%,其余年份无第一、第二类水质,有 8 年劣四类水质比例达 100%;平水期水质波动较大,水质处于"良好"至"极差"的水平,劣四类比例为 0%~80%(2006 年、2019 年)。

茅尾海各水期第四类和劣四类水质占比高。总体来看,平水期水质状况相对较好,其次是枯水期,丰水期水质最差,可能与丰水期入海河流通量较大有关。茅尾海各水期水质比例变化情况见图 2.2-3 至图 2.2-5。

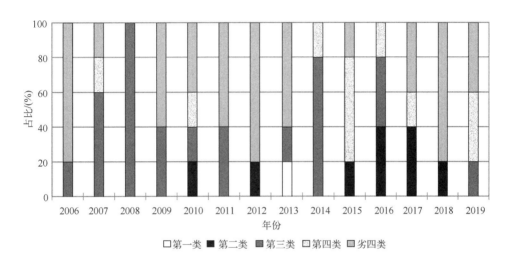

图 2.2-3　2006—2019 年枯水期茅尾海海水水质比例情况

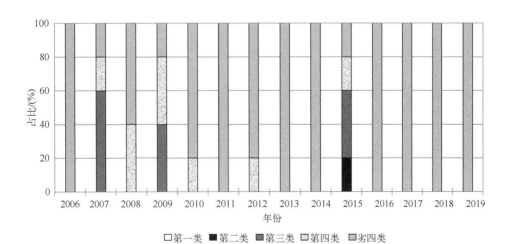

图 2.2-4　2006—2019 年丰水期茅尾海海水水质比例情况

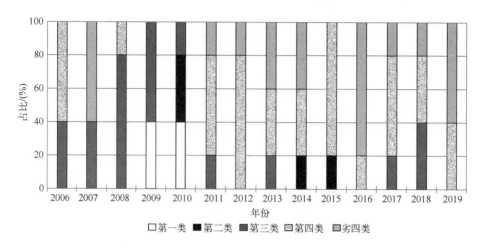

图 2.2-5　2006—2019 年平水期茅尾海海水水质比例情况

2.2.1.2　超标因子及超标率变化趋势

茅尾海超第二类水质标准的因子主要为 pH、无机氮、活性磷酸盐，且近 13 年（2006—2019 年）来，超标因子基本保持不变。从图 2.2-6 可知，活性磷酸盐超标率总体呈显著上升趋势；无机氮超标率波动相对较小，但除 2010 年、2014 年和 2017 年外，其余年份超标率均大于或等于 80%；pH 超标率受入海河流及潮汐影响，变化波动较大。以上分析表明，2006—2019 年茅尾海无机氮污染较重，超标因子维持在高位，而活性磷酸盐污染呈现逐年上升的趋势。

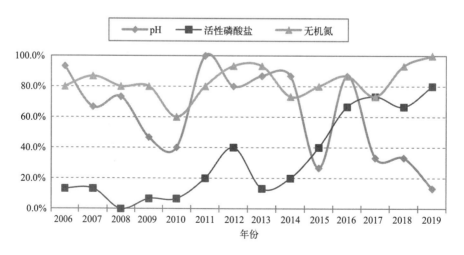

图 2.2-6　2006—2019 年茅尾海主要超标因子超标率变化情况

2.2.1.3　主要超标因子空间分布特征

从近 10 年的茅尾海营养盐空间分布分析结果发现,茅尾海的活性磷酸盐高值区主要分布在东、西两侧的茅岭江及钦江入海河口。值得注意的是,茅岭江口监测点位浓度最高,茅岭江营养物质的输入对茅尾海活性磷酸盐空间分布的影响可能更加显著。无机氮高值区总体上也主要分布在两个河口海域,但与活性磷酸盐空间分布不一致的是,无机氮在钦江口浓度相对最高,表明两条入海河流携带污染物组成结构的差异性造成茅尾海营养盐空间分布的细微差别。茅尾海 pH 分布则与营养盐分布相反,呈现从河口到湾颈 pH 逐步升高的现象,受到淡水的影响,在河口区域 pH 低,湾颈淡水影响程度小,pH 高。无论是氮磷营养盐还是 pH,从空间分布上分析,茅尾海的环境质量主要是受到了入海河流的影响。

2.2.1.4　氮磷浓度变化趋势分析

2006—2019 年,茅尾海无机氮年平均值范围为 0.383~0.666 mg/L,枯水期范围为 0.222~0.804 mg/L,丰水期范围为 0.318~1.06 mg/L,平水期范围为 0.226~0.574 mg/L,变化趋势均不显著(图 2.2-7)。总体来看,茅尾海无机氮浓度常年劣于第二类水质标准限值,丰水期无机氮浓度高于枯水期和平水期。

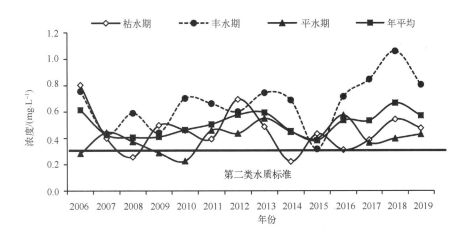

图 2.2-7　2006—2019 年茅尾海无机氮变化情况

2016—2019 年,茅尾海活性磷酸盐年平均值范围为 0.010 6~0.053 7 mg/L,呈显著上升趋势。各水期中,丰水期活性磷酸盐浓度范围为 0.005 5~0.055 2 mg/L,呈显著上升趋势;平水期活性磷酸盐浓度在 2009 年之后呈上升趋势;枯水期 2006—2016 年间变化趋势不显著。近 5 年,茅尾海活性磷酸盐浓度开始出现超第二类水质标准,丰水期活性磷酸盐浓度相对较高,其次是平水期,枯水期最低(见图 2.2-8)。

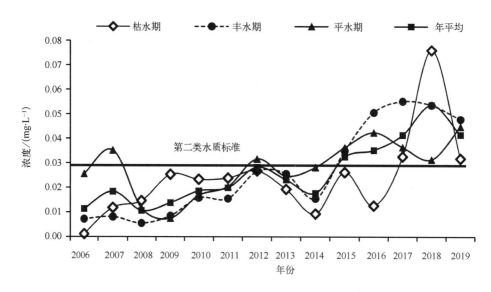

图 2.2-8 2006—2019 年茅尾海活性磷酸盐变化情况

2.2.1.5 富营养化变化趋势

采用富营养化指数（E）进行评价，2006—2019 年，茅尾海海水处于轻度富营养至重度富营养化水平，年平均富营养化指数范围为 1.4~14.5，呈显著上升趋势。各水期中，丰水期和平水期富营养化指数呈显著上升趋势，枯水期变化趋势不显著，且丰水期大部分年份的富营养化指数均相对较高（图 2.2-9），其中 2018 年丰水期的富营养化指数最高，达到 27.4，属于严重富营养化水平。

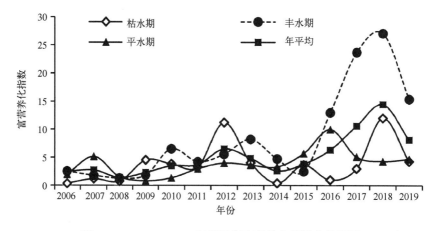

图 2.2-9 2006—2019 年茅尾海富营养化指数变化情况

对茅尾海富营养化与化学需氧量、无机氮、活性磷酸盐进行相关性分析表明，富营养化与化学需氧量、无机氮无显著相关性，与活性磷酸盐具有极显著的正相关($p<0.01$)，相关系数达到 0.849(表 2.2-1)，表明在无机氮、化学需氧量浓度变化不显著的情况下，磷酸盐浓度的升高是近 11 年茅尾海富营养化水平显著升高的主要原因(图 2.2-10)。

表 2.2-1　2006—2016 年茅尾海富营养化指数与其他因子的相关性

	富营养化	无机氮	活性磷酸盐	化学需氧量
富营养化	1	0.542	0.847**	0.72
无机氮		1	0.125	0.246
活性磷酸盐			1	−0.277
化学需氧量				1

注：**表示在 0.01 水平上显著相关，$n=11$。

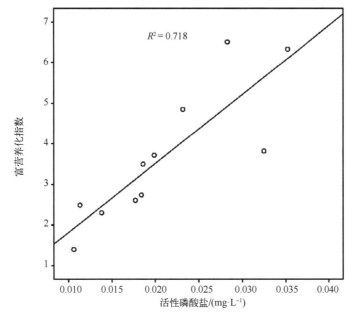

图 2.2-10　2006—2016 年茅尾海富营养化指数与活性磷酸盐的关系

2.2.1.6　表层沉积物质量

2007—2016 年茅尾海沉积物比例情况见图 2.2-11。以《近岸海域环境监测规范》(HJ 442—2008)沉积物定性评价分级依据进行判定，除 2007 年及 2012 年沉积物环境为"一般"外，其余年份均为"优良"，超第一类水质标准的因子主要有石油类、有机碳和铜。

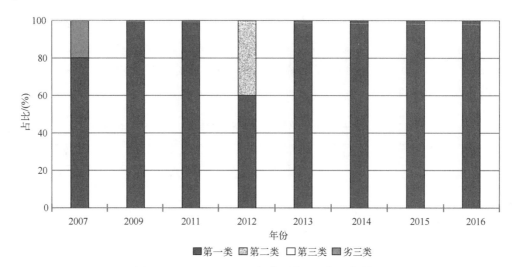

图 2.2-11　2007—2016 年茅尾海沉积物比例情况

采用瑞典地球化学家 Hàkanson(1980)建立的潜在生态危害指数法(Potential eco-
logical risk index)对沉积物重金属的潜在生态风险进行评价(表 2.2-2),发现茅尾海
区域沉积物潜在生态风险指数 RI 均小于 150,表明茅尾海沉积物重金属污染属于低生
态危害范畴,7 种重金属潜在生态危害程度均小于 40,属于低风险等级(表 2.2-3)。

表 2.2-2　Hàkanson 潜在生态风险等级

指标	项目	潜在风险等级				
E_r^i	系数范围	<40	40~80	80~160	160~320	≥320
	污染程度	低	中	较重	重	严重
RI	系数范围	<150	150~300	300~600	≥600	
	污染程度	低	中等	重	严重	

表 2.2-3　茅尾海表层沉积物中重金属潜在生态危害评价

年份	潜在生态危害的程度 E_r^i							综合生态风险程度 RI	潜在风险等级
	铬	砷	铜	锌	镉	铅	总汞		
2007	0.54	4.68	1.37	0.33	2.52	1.21	6.00	16.64	低
2009	0.52	3.48	1.43	0.14	2.04	2.00	3.48	13.09	低
2011	0.15	3.68	1.75	0.31	4.20	1.76	9.00	20.85	低
2012	0.52	4.26	1.55	0.27	6.36	0.97	7.40	21.34	低
2013	1.06	1.73	1.14	0.37	9.60	1.11	10.84	25.84	低
2014	0.48	4.62	1.61	0.29	8.64	1.90	10.00	27.54	低
2015	0.46	2.76	1.28	0.30	11.16	1.08	5.48	22.53	低
2016	0.53	4.68	1.57	0.32	8.28	1.38	10.16	26.92	低

2.2.2　茅尾海环境质量主要问题

(1)茅尾海水质常年超第二类水质标准, 丰水期污染更重

2006—2019 年, 茅尾海海域全年平均水质状况维持在"差"至"极差"水平, 海域 5 个监测站位中, 第四类和劣四类水质比例维持在 40% ~ 100%, 从 2008 年开始, 第四类和劣四类水质比例呈波动上升趋势, 其中 2016 年以来, 第四类和劣四类水质站位比例均为 100%。

茅尾海海域丰水期水质超标严重, 与丰水期入海河流通量较大有关。海域丰水期水质基本达不到第一类和第二类水质标准, 2011 年、2013 年、2014 年以及 2016 年以来, 海域全部站位丰水期均为劣四类水质。

(2)海域无机氮超标严重, 活性磷酸盐问题日渐凸显

茅尾海海域超标因子基本为无机氮、活性磷酸盐和 pH, 其中, 海域无机氮浓度长期维持较高水平, 常年超第二类水质标准。近 11 年无机氮海域平均浓度范围为 0.383 ~ 0.614 mg/L, 维持在第三类至劣四类水平。

活性磷酸盐浓度近年增加显著, 平均浓度从 2006 年的第一类持续增长到 2016 年的第三类水质标准, 海域超标率从 2011 年开始凸显, 并持续增加, 茅尾海海域活性磷酸盐污染问题日渐严重。

(3)海域富营养化问题日益加重

2006—2019 年, 海域富营养化程度为轻度富营养-重度富营养化水平, 呈现显著上升的趋势。其中, 2018 年丰水期的富营养化指数最高, 达到 27.4, 属于严重富营养化水平。磷酸盐浓度的升高是近 13 年茅尾海富营养化水平显著升高的主要原因, 这与龙颖贤的研究结论相似, 茅尾海处于磷限制状态, 控制磷盐的输入对茅尾海营养盐污染防治具有关键作用(龙颖贤等, 2013)。但杨斌等研究者认为, 氮是导致茅尾海富营养化的关键污染因子(杨斌等, 2012; 2017)。尽管对茅尾海富营养化关键因子的认定存在一定的差异, 但对富营养化产生的原因基本达成共识: 过量的陆源营养盐输入, 特别是入海河流携带的污染物是茅尾海富营养化的主要因素。

(4)海水养殖问题突出

茅尾海海水养殖面积较大,《广西海洋功能区划》(2015—2020 年)中的 12 个海岸农渔业区中, 茅尾海海域占有 3 个。根据茅尾海周边海域 2006—2016 年养殖产量对水产养殖排放的污染物进行估算, 发现在未考虑贝类污染物排放量的情况下, 近 11 年来, 茅尾海海水养殖排放的总氮、总磷、化学需氧量呈显著上升趋势(见表 2.2-4)。

表 2.2-4　2006—2016 年茅尾海海水养殖排放情况

年份	化学需氧量/($t \cdot a^{-1}$)	总氮/($t \cdot a^{-1}$)	总磷/($t \cdot a^{-1}$)
2006	1 698.75	224.02	21.17
2007	1 996.16	254.82	23.38
2008	2 203.24	300.18	29.16
2009	2 114.04	262.73	23.5
2010	2 201.53	330.64	34.58
2011	2 720.12	468.83	53.42
2012	3 007.09	529.75	61.09
2013	3 346.14	491.14	50.54
2014	3 416.71	497.44	50.89
2015	3 775.76	557.22	57.57
2016	3 844.44	592.1	63
秩相关系数(r_s)	0.973	0.964	0.891
变化趋势	显著上升	显著上升	显著上升

注：未计算贝类污染物排放量。

茅尾海北部分布有大片对虾养殖区，面积约 0.44 万 hm^2，大部分养殖废水未经处理直接排放，对茅尾海水质产生不利影响。另外，基于卫星遥感影像数据分析，发现茅尾海湾颈海域牡蛎养殖面积在 2013—2016 年期间呈逐年增加趋势。研究发现，钦州湾(包含茅尾海)牡蛎养殖产量已经接近其牡蛎养殖容量(蓝文陆等，2020)。同时，钦州湾牡蛎养殖浮筏密度约为 18～20 串/m^2，高于其他养殖海域如汕头深澳湾(张玲等，2015)，养殖总量及密度过大，影响海域水流及污染物的扩散，导致其排泄物的累积增加，可能加剧了海区水体富营养化程度。

2.2.3　茅尾海容量问题分析

茅尾海位于广西钦州湾海域顶部，其形似猫尾，为半封闭性海湾。该湾东、西、北三面为陆地所环绕，南面与钦州湾的外湾(钦州港)相接后，与北部湾相通，是一个袋状内海海湾。该湾南北纵深约 18 km，东西走向最宽处约 12.6 km，但门口宽仅约 3 km，由于海湾中间狭窄，仅南面与北部湾相通，因此海湾水体与外海水体交换能力较差，海水自净能力低。在考虑径流的情况下，茅尾海水体半交换时间为 9.3 d，茅岭江和钦江入海口处水交换能力较强，龙门港西侧东西向水道、茅尾海中部海域水交换能力较弱，保证河道的畅通和水质优良，对提高茅尾海环境容量和污染物的扩散非常有利(张坤等，2014)。但茅尾海内滩涂面积广阔，占海域面积一半以上(中国海湾志编纂委员会，1993），在考虑漫滩影响下，茅尾海中部水体半交换时间为 26~28 d；再往北，半交换时间继续增加，湾顶附近超过了 60 d，局部区域超过 150 d，表明该区域的海水基本与外海水没有交换。整个钦州湾平均的水体存留时间为 45 d，茅尾海的东、西、北 3 个部分均存在水交换滞缓区。这些水交换滞缓区正好是钦江、茅岭江入海河流的入海河口区域，入海河流携带的污染物在此区域滞留、累积，进而给茅尾海水质带来不利影响（陈振华等，2017）。因此，在茅尾海存在大量滩涂面积，水深相对较浅，除中部水槽流速大，水体交换时间短外，大部分海域水体半交换时间达到近 1 个月，在钦江、茅岭江每年源源不断的污染物输入和累积下，茅尾海环境质量难以保持良好水平。

另外，2005 年以来，钦州湾湾口外填海规模近 3 000 hm^2，岸线变化十分显著，对茅尾海潮流动力及水体交换也产生一定影响。口外岸线变化使钦州湾湾口进一步缩窄，纳潮容积减小，茅尾海潮流流速和潮差减小，纳潮量减小 1.3%~1.5%，半交换时间增加 51 h，茅尾海潮流动力和水体交换能力减弱（杨莉玲等，2019）。岸线开发建设降低了茅尾海河口区的潮差，高潮位降低，低潮位抬高，潮流动力减弱，同时降低涨落潮的流速，河口区潮量最大减幅在 7.73% 左右（杨莉玲等，2019）。高强度的人类活动降低了钦州湾的纳潮量，潮流动力减弱，导致茅尾海不断淤积（杨留柱等，2019；杨莉玲等，2020），是茅尾海水质下降等问题的重要原因（张坤等，2014）。也有研究者提出，龙门海峡潮汐通道是茅尾海纳潮量的关键因素，适当拓宽龙门海峡的宽度，可以提高茅尾海的纳潮量和环境容量（郭雅琼等，2016）。因此，在茅尾海自身为袋状海湾，水动力条件较弱的自然环境特征以及钦州湾湾口围填海造成的岸线变化引起潮流、纳潮量进一步减弱的情况下，再承受着茅岭江和钦江两条入海河流携带的大量污染物，是茅尾海成为北部湾广西海域环境质量最差海湾的主要原因。

2.3　茅尾海污染来源解析

茅尾海的污染物主要来源于入海河流携带的污染物、水产养殖废水排放以及沿岸的市政综合排污口和工业直排口。考虑到茅尾海的污染特点，污染源的统计以高锰酸盐指数、氨氮、总氮、总磷为指标，同时考虑茅尾海的水动力特征和污染物稀释扩散规律，污染物入海量调查包含整个钦州湾的入海污染源。

2.3.1　入海河流

汇入茅尾海主要有钦江、茅岭江两条较大的河流，其次还有防城港茅岭乡的小河流冲仑江。其中，钦江、茅岭江均设置有常规入海监测断面，每个月监测 1 次。冲仑江由于流域范围太小，没有设置水文和水质监测点位。根据广西海洋环境监测中心站的监测数据和《陆海统筹综合整治茅尾海污染调查工作报告》(广西金天环境工程有限责任公司，2019)，2018 年，汇入茅尾海的入海河流携带的有机物(高锰酸盐指数)为 12 283 t，总氮为 7 507.4 t，总磷为 521.5 t(表 2.3-1)。其中，钦江携带的污染物量最大，占入海径流总量的 70% 左右；其次是茅岭江占比 25% 左右，冲仑江占比很小(图 2.3-1)。

表 2.3-1　2018 年茅尾海入海河流污染物入海量

河流名称	断面名称	总氮/t	总磷/t	高锰酸盐指数/t
钦江	高速公路东桥	3 742	243	5 823
	高速公路西桥	1 951	145	2 443
茅岭江	茅岭大桥	1 772	127	3 612
冲仑江	冲仑江	42.38	6.5	405
合计	—	7 507.4	521.5	12 283

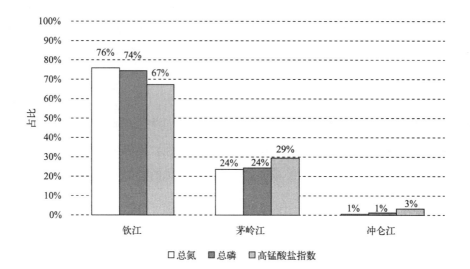

图 2.3-1　2018 年茅尾海入海河流污染物入海量占比

对茅尾海主要入海河流钦江、茅岭江的 2008—2018 年的入海量进行统计分析发现，钦江高速公路西桥断面主要污染物入海通量均呈显著上升趋势；钦江高速公路东桥、茅岭江茅岭大桥断面高锰酸盐指数入海通量均呈显著上升趋势；茅岭江茅岭大桥断面总磷入海通量呈显著下降趋势(见表 2.3-2)。

表 2.3-2　各入海河流断面主要污染物通量(t)变化

河流名称	钦江								茅岭江			
监测断面名称	高速公路东桥				高速公路西桥				茅岭大桥			
监测因子	氨氮	总氮	总磷	高锰酸盐指数	氨氮	总氮	总磷	高锰酸盐指数	氨氮	总氮	总磷	高锰酸盐指数
2008 年	1 008	3 250	159	3 953	414	2 018	106	2 545	519	1 404	267	3 414
2009 年	695	2 525	154	2 693	919	1 674	125	1 474	440	1 229	218	3 126
2010 年	1 346	3 243	222	3 994	1 075	2 491	162	2 817	589	1 574	248	3 672
2011 年	1 325	4 126	213	3 688	586	2 148	134	2 175	727	2 292	173	3 369
2012 年	889	3 191	173	5 117	1 118	2 706	154	3 048	911	2 444	160	5 584
2013 年	1 208	4 294	191	6 649	998	2 674	188	2 784	618	2 791	120	4 779
2014 年	1 083	3 614	217	6 199	1 299	2 425	215	3 403	626	1 813	129	4 807
2015 年	1 317	3 764	272	5 922	1 711	2 816	218	3 215	532	2 091	212	4 666
2016 年	940	3 245	191	5 734	1 202	2 463	220	3 521	626	2 134	157	5 749
2017 年	1 091	3 359	254	6 108	1 618	2 652	205	3 185	427	1 686	210	3 720
2018 年	933	3 742	243	5 823	742	1 951	145	2 443	378	1 772	127	3 612
秩相关系数 (r_s)	0.07	0.35	0.46	0.75	0.83	0.60	0.95	0.83	0.43	0.53	-0.72	0.77
变化趋势	不显著	不显著	不显著	显著上升	显著上升	显著上升	显著上升	显著上升	不显著	不显著	显著下降	显著上升

2.3.2　海水养殖

(1)海水养殖排污系数

甲壳类(虾蟹)养殖以对虾为主,其中对虾产量约占 90%,蟹类占 10%。根据广西壮族自治区海洋环境监测中心站《广西沿海海水养殖污染现状调查报告》(2010 年 11 月)确定的广西"虾类海水养殖排污系数",其中钦州市化学需氧量、总氮、总磷和氨氮排污系数分别为 90.0 g/kg、6.0 g/kg、1.1 g/kg 和 0.5 g/kg。蟹类养殖多以青蟹为主,养殖方式主要是池塘养殖,根据《第一次全国污染源普查水产养殖业污染源产排污系数手册》,青蟹海水养殖化学需氧量、总氮、总磷排污系数分别为 16.742 g/kg、2.773 g/kg 和 0.111 g/kg。

鱼类养殖主要以池塘和网箱养殖为主,池塘养殖约占整个养殖的 80%,网箱约占 20%。养殖种类主要有鲈鱼、石斑鱼、鲽鱼和鲷鱼等。根据《第一次全国污染源普查水产养殖业污染源产排污系数手册》中"鱼类海水养殖排污系数",计算各主要污染物入海量。排污系数见表 2.3-3。

表 2.3-3 鱼类海水养殖排污系数

养殖方式	养殖品种	省区	排污系数/(g·kg⁻¹)		
			化学需氧量	总氮	总磷
海水池塘养殖	鲈鱼	广东	1.933	0.958	0.012
	鲽鱼	广西	5.45	0.878	0.072
	鲷鱼	广西	1.747	0.866	0.011
	石斑鱼	广西	0.200	0.099	0.001
	平均		2.332	0.700	0.024
海水网箱养殖	鲈鱼	广东	72.343	72.023	12.072
	鲷鱼	广西	72.343	72.023	12.072
	石斑鱼	广西	154.341	76.472	12.774
	鲽鱼	广西	72.343	72.023	12.072
	平均		92.842	73.135	12.248

（2）海水养殖产量

根据茅尾海沿岸各乡镇提供的统计数据，茅尾海沿岸各乡镇 2016 年海水养殖产量约为 24 万 t，其中贝类最高，其次是甲壳类和鱼类（表 2.3-4）。

表 2.3-4 2016 年茅尾海沿岸各乡镇海水养殖情况

项目	单位	茅岭镇	沙埠镇	康熙岭镇	黄屋屯镇	尖山镇	大番坡镇	龙门镇	合计
鱼类	t	2 483	290	599	—	329	439	11 928	16 068
甲壳（虾蟹）类	t	5 230	3 729	5 506	29	12 207	5 902	3 856	36 459
贝类	t	29 340	897	1 994	—	54 785	23 359	77 398	187 773
合计	t	37 053	4 916	8 099	29	67 321	29 700	93 182	240 300

（3）海水养殖污染源入海量及变化趋势

根据水产养殖产量及其排污系数估算，2016 年，茅尾海海水鱼类和虾蟹类养殖化学需氧量的排放量为 3 844.44 t/a，总氮的排放量为 592.1 t/a，总磷的排放量为 63 t/a（表 2.3-5）。

表 2.3-5 2016 年茅尾海周边各乡镇海水养殖污染物排放情况

乡镇	化学需氧量/(t·a⁻¹)	总氮/(t·a⁻¹)	总磷/(t·a⁻¹)
茅岭镇	555.12	87.64	9.48
沙埠镇	365.55	40.01	3.10

乡镇	化学需氧量/(t·a⁻¹)	总氮/(t·a⁻¹)	总磷/(t·a⁻¹)
康熙岭镇	543.24	61.68	5.00
黄屋屯镇	2.80	0.28	0.02
尖山镇	1 183.97	121.57	8.62
大番坡镇	578.16	63.03	4.86
龙门镇	615.61	217.89	31.92
合计	3 844.44	592.10	63

注：未计算贝类污染物排放量。

为了解近十年茅尾海周边海域水产养殖排放污染物的变化趋势，根据 2006—2016
年养殖产量以及水产养殖排污系数估算，在未考虑贝类吸收污染物的情况下，近 11
年来茅尾海海水养殖排放的各类污染物呈显著上升趋势(表 2.3-6)。

表 2.3-6　2006—2016 年茅尾海海水养殖排放情况

年份	化学需氧量/(t·a⁻¹)	总氮/(t·a⁻¹)	总磷/(t·a⁻¹)
2006	1 698.75	224.02	21.17
2007	1 996.16	254.82	23.38
2008	2 203.24	300.18	29.16
2009	2 114.04	262.73	23.5
2010	2 201.53	330.64	34.58
2011	2 720.12	468.83	53.42
2012	3 007.09	529.75	61.09
2013	3 346.14	491.14	50.54
2014	3 416.71	497.44	50.89
2015	3 775.76	557.22	57.57
2016	3 844.44	592.1	63
秩相关系数(r_s)	0.973	0.964	0.891
变化趋势	显著上升	显著上升	显著上升

注：未计算贝类污染物排放量。

2.3.3　其他污染来源

茅尾海周边水污染企业很少，除了广西恒力宝药业有限公司以及冲仑物流园小型
企业，无其他水污染型企业，且现有污水排放企业均先将污水进行处理再排入冲仑江

等入海河流，而在冲仑江的污染物入海量测算中已经包括相关污水排放企业，汇入茅尾海的工业企业的污染物量太小，可以忽略不计。

在 2017 年对茅尾海周边的排污口进行调查、共监测 12 个排污口的基础上，2019 年钦州市再次组织对茅尾海周边排污口的详细调查，共调查记录入海排污口 157 个，其中钦州市入海排污口 143 个，防城港茅岭镇入海排污口 14 个。根据《陆海统筹综合整治茅尾海污染调查工作报告》，茅尾海钦州沿岸直排入海排污口携带的化学需氧量为 1 298 t/a，总氮为 166 t/a，总磷为 24 t/a。

据统计，2018 年茅尾海沿岸乡镇人口约 8.4 万人，采用《第一次全国污染源普查城镇生活源产排污系数手册》中的生活污染源排污系数进行估算，沿岸周边乡镇居民生活污水的化学需氧量入海排放量为 1 123 t/a，总氮入海排放量为 195.3 t/a，总磷入海排放量为 11.46 t/a。其中，以康熙岭镇、尖山镇和龙门镇排放的污染量相对较大。

茅尾海沿岸农作物种植量不大，化肥施肥强度低，根据《陆海统筹综合整治茅尾海污染调查工作报告》，茅尾海沿岸农业种植污染总氮及总磷排放量分别为 7.2 t/a 和 6.6 t/a，农业面源污染来源相对较小。

2.3.4　总污染物入海量分析

综合统计，入海河流、海水养殖、直排入海排污口、周边居民生活污水以及农业面源污染，汇入茅尾海的有机物（高锰酸盐指数）为 14 789 t/a，总氮为 84 676 t/a，总磷为 626.1 t/a，以高锰酸盐指数污染物排放量占比最高（表 2.3-7）。在以上 5 类污染物入海量中，入海河流是茅尾海污染的首要"贡献者"，高锰酸盐指数、总氮、总磷均占总污染物入海量的 80% 以上，其次是海水养殖污染源（见图 2.3-2）。因此，控制钦江、茅岭江以及周边入海小河流的污染物入海量是茅尾海综合整治的关键，并在此基础上开展从茅尾海到入海流域的陆海统筹全海域全流域综合治理。

表 2.3-7　汇入茅尾海入海污染物量统计

分类	总氮/(t·a⁻¹)	总磷/(t·a⁻¹)	高锰酸盐指数/(t·a⁻¹)
入海河流	7 507.4	521.5	12 283
海水养殖	592	63	1 537.6
直排入海排污口	166	24	519.2
周边居民生活污水	195	11	449.2
农业面源	7.2	6.6	—
合计	8 467.6	626.1	14 789

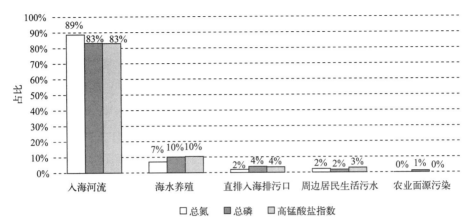

图 2.3-2　茅尾海污染物入海总量占比

2.4　茅尾海水质与入海河流的关系

2.4.1　海水主要污染因子与盐度的相关性

茅尾海属于河口海域，受入海河流影响显著，其主要超标因子为无机氮、活性磷酸盐以及 pH，通过分析 2006—2016 年茅尾海监测点位主要环境因子与盐度的相关性，为了解茅尾海的污染来源提供数据支持。

利用 SPSS 软件对 2006—2016 年的 170 组茅尾海监测数据进行 Pearson 相关性分析，结果表明，化学需氧量、无机氮与盐度具有显著的负相关，其中无机氮达到极显著水平，相关系数为 0.549；而 pH 与盐度具有极显著的正相关（$p < 0.01$），活性磷酸盐与盐度则没有明显的相关性（表 2.4-1 和图 2.4-1）。无机氮和有机污染物（化学需氧量）随着盐度升高而显著降低，河口海域无机氮和有机污染物相对较高，表明茅尾海无机氮和有机污染物主要受到入海河流的影响。与此不同的是，茅尾海活性磷酸盐与盐度并没有呈现显著关系，可以推断除入海河流携带外，茅尾海磷酸盐浓度还受到其他因素的影响，比如沿岸水产养殖排放、生活排污口以及本身内源污染等。

表 2.4-1　茅尾海主要水质因子相关性

	pH	活性磷酸盐	化学需氧量	溶解氧	无机氮	盐度
pH	1	−0.056	−0.179*	0.302**	−0.293**	0.346**
活性磷酸盐		1	−0.040	−0.137	0.050	−0.096
化学需氧量			1	0.017	0.553**	−0.589**

	pH	活性磷酸盐	化学需氧量	溶解氧	无机氮	盐度
DO				1	−0.170*	0.243**
无机氮					1	−0.549**
盐度						1

注：*表示在0.05水平上显著相关；**表示在0.01水平上显著相关，$n=170$。

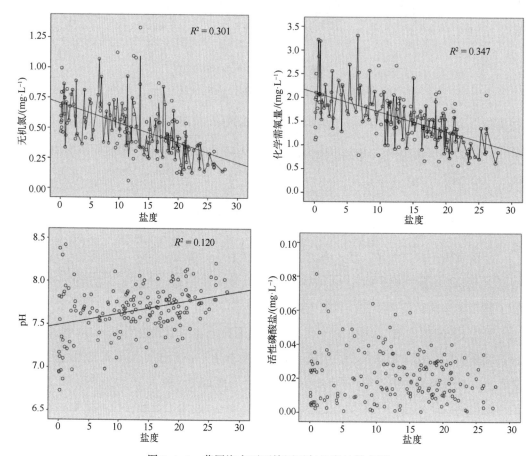

图2.4-1　茅尾海主要环境因子与盐度的散点图

2.4.2　入海污染物总量与水质平均浓度的关系

对2008—2016年茅尾海主要污染物入海通量与年均水质浓度的相关性进行分析，从表2.4-2中可以看出，茅尾海主要环境因子平均浓度与相应污染物入海通量之间均没有显著意义的相关性，无机氮浓度与陆源总氮入海通量相关系数为0.59，一定程度上表明，海水无机氮浓度与陆源总氮输入有中等程度的正相关性，海水无机氮浓度与总氮入海通量的变化趋势基本一致(图 2.4-2)。海水中活性磷酸盐浓度与总磷入海通量呈现弱相关性(相关系数为 0.35),活性磷酸盐浓度与总磷入海通量的变化趋势不一致(图 2.4-3),但与高锰酸盐指数入海通量呈现显著的正相关,相关系数为 0.735 ($p<0.05$),说明茅尾海活性磷酸盐浓度不仅与陆源输入的总磷有关,也与海域陆源携带的大量有机物有关。

表 2.4-2 2006—2016 年汇入茅尾海污染物通量和海水水质浓度的相关性

	化学需氧量浓度	氨氮浓度	无机氮浓度	活性磷酸盐浓度
高锰酸盐指数入海通量	-0.452	-0.337	0.426	0.735 *
氨氮入海通量	-0.151	0.066	0.116	0.681 *
总氮入海通量	-0.073	-0.084	0.590	0.566
总磷入海通量	-0.418	0.056	-0.560	0.350
钦州市降雨量	-0.458	-0.323	0.423	-0.355

注:* 表示在 0.05 水平上显著相关。

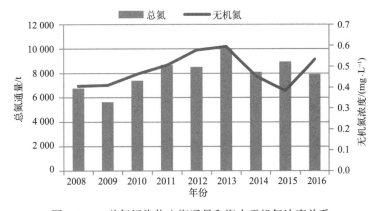

图 2.4-2 总氮污染物入海通量和海水无机氮浓度关系

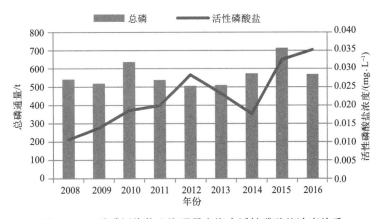

图 2.4-3 总磷污染物入海通量和海水活性磷酸盐浓度关系

茅尾海主要环境因子平均浓度与钦州市降雨量之间也没有显著意义的相关性，这可能与污染物入海后复杂的迁移转化过程有关，同时，以 1 年 3 次瞬时采样代表全年的浓度也有一定的缺陷性。

2.4.3 河流通量与河口站位水质平均浓度的关系

为了降低污染物迁移转化过程的影响，对钦江、茅岭江入海口最近的监测点位的营养物质平均浓度与两江入海通量的相关性进行分析。结果发现，河口点位化学需氧量浓度与河流污染物通量均没有相关性。钦江东入海口监测点（QZ3）的无机氮平均浓度与总氮入海通量没有相关性；钦江西入海口监测点位（GX001）的无机氮与总氮入海通量有一定的相关性，无机氮浓度与钦江西总氮入海通量变化趋势基本一致，2008—2012 年呈现升高趋势，此后开始下降（图 2.4-4）；而茅岭江入海口监测点位（QZ4）的无机氮则与总氮入海通量具有显著的正相关，相关系数为 0.713（$p<0.05$），无机氮浓度与总氮入海通量变化趋势具有明显的一致性，2008—2013 年呈升高趋势，此后开始下降，2015 年、2016 年又有所升高（图 2.4-5）。

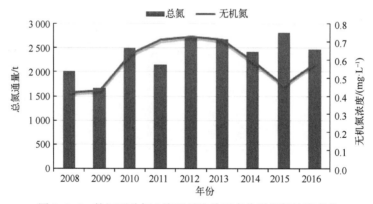

图 2.4-4 钦江西总氮入海通量和临近点位无机氮浓度变化

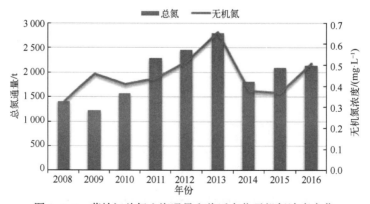

图 2.4-5 茅岭江总氮入海通量和临近点位无机氮浓度变化

钦江东入海口监测点(QZ3)的活性磷酸盐平均浓度与总磷入海通量没有相关性;钦江西入海口监测点位(GX001)的活性磷酸盐与总磷入海通量具有显著的正相关,相关系数为 0.784($p<0.05$),随着总磷入海通量的增加,入海口活性磷酸盐浓度随之升高,变化趋势基本一致(图 2.4-6);而茅岭江入海口监测点位(QZ4)的活性磷酸盐则与总磷入海通量具有显著的负相关(图 2.4-7),相关系数为 0.679($p<0.05$),茅岭江总磷入海通量呈下降趋势,河口区活性磷酸盐浓度反而呈升高趋势,与钦江西变化趋势相反,表明茅岭江口海域活性磷酸盐浓度还受到其他因素的影响。

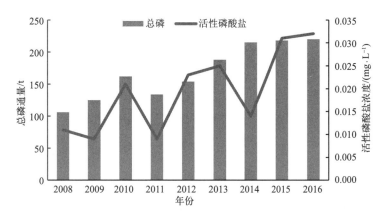

图 2.4-6　钦江西总磷入海通量和临近点位活性磷酸盐浓度变化

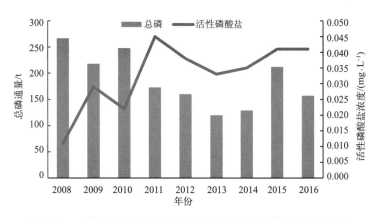

图 2.4-7　茅岭江总磷入海通量和临近点位活性磷酸盐浓度变化

以上分析表明,茅尾海河口点位无机氮、活性磷酸盐浓度与钦江西、茅岭江入海河流总氮、总磷通量均呈现一定的相关性,降低入海河口营养物质输入对控制茅尾海营养盐浓度具有重要作用。值得注意的是,茅岭江口监测点位活性磷酸盐浓度与总磷输入量呈负相关,河口临近点位的活性磷酸盐浓度并不随茅岭江总磷入海通量的减少而降低,表明海域活性磷酸盐浓度还受到海域水产养殖、内源释放等其他因素的影响，这与活性磷酸盐与盐度相关性的分析结果一致。

参考文献

陈振华，夏长水，乔方利，2017. 钦州湾水交换能力数值模拟研究[J]. 海洋学报，39(03)：14-23.

广西金天环境工程有限责任公司，2019. 陆海统筹综合整治茅尾海污染调查工作报告.

郭雅琼，马进荣，邹国良，等，2016. 钦州湾湾口填海对茅尾海水交换能力的影响[J]. 水运工程，(06)：84-92+124.

蓝文陆，李天深，罗金福，2020. 广西钦州湾环境与生态研究[M]. 北京：科学出版社，291-296.

龙颖贤，陈隽，韩保新，等，2013. 茅尾海营养盐污染控制对策研究[J]. 生态科学，32(05)：529-533.

杨斌，方怀义，许丽莉，等，2017. 钦州湾水质污染时空变化特征及驱动因素[J]. 海洋环境科学，36(06)：877-883.

杨斌，方怀义，钟秋平，等，2012. 钦州湾夏季营养盐的分布特征及富营养化评价[J]. 海洋通报，31(06)：640-645.

杨莉玲，徐峰俊，余顺超，2020. 钦州湾近期河床演变特点及成因[J]. 泥沙研究，45(04)：39-44.

杨莉玲，王琳，徐峰俊，等，2019. 钦州湾岸线开发对其上游河口区洪潮动力特性影响[J]. 人民珠江，40(04)：31-36.

杨留柱，杨莉玲，潘洪州，等，2019. 人类活动影响下的钦州湾近期滩槽冲淤演变特征[J]. 热带海洋学报，38(06)：41-50.

张玲，李政菊，陈飞羽，等，2015. 大鹏澳牡蛎养殖对浮游植物种群结构的影响研究[J]. 海洋与湖沼，46(03)：549-555.

张坤，娄安刚，孟云，等，2014. 钦州湾海域纳潮量和水交换能力的数值模拟研究[J]. 海洋环境科学，33(04)：585-591.

张坤，2014. 钦州湾茅尾海纳潮量和水交换能力的数值模拟研究[D]. 青岛：中国海洋大学.

中国海湾志编纂委员会，1993. 中国海湾志第十二分册(广西海湾)[M]. 北京：海洋出版社，144-150.

Hàkanson L, 1980. An ecological risk index for aquatic pollution control：a sediment ecological approach[J]. Water Research，14(8)：975-1001.

第二篇
钦江全流域环境治理研究

第3章 钦江流域环境概况

钦江是汇入钦州湾茅尾海的两大河流之一，河流携带的污染物对茅尾海水质产生重要影响。2013—2015 年，茅尾海受无机氮和活性磷酸盐影响，每年均有不同程度、不同范围的第四类和劣四类水质出现，湾顶水质长期处于中度至重度富营养化水平。而钦江最终汇流入海的钦江东和钦江高速公路西桥（以下简称"钦江西"）监测断面水质在 2013—2015 年均有不同程度的超《地表水环境质量标准》Ⅲ类标准的现象，特别是钦江西断面入海段（大榄江），受总磷、氨氮等因子影响，连续 3 年水质均超过《地表水环境质量标准》Ⅴ类标准要求，水质污染严重。钦江入海的水质好坏关系到茅尾海的生物多样性发展和钦州市的经济发展，也关系到北部湾海洋环境质量和生态安全。

本章对钦江全流域的自然环境、社会环境和水环境质量现状进行全面调查，系统分析钦江全流域的环境特征和评价水环境质量现状，为后续的钦江流域环境问题诊断和环境容量与总量分配提供基础。

3.1 自然概况

3.1.1 地理位置

钦江流域位于广西南部钦州市境内（见图 3.1-1），地理坐标为 21°50′—22°36′N，108°30′—109°30′E（黎树式等，2018），为钦州市第二大河流。钦江发源于灵山县平山镇东山山脉东麓白牛岭，流经平山、佛子、灵城、三海、檀圩，折向西南，经那隆收纳那隆水，到三隆又收纳太平水，后经陆屋镇与旧州江汇合，流入钦北区，经青塘、平吉、久隆、钦城区、沙埠、尖山镇后在犁头咀、沙井注入茅尾海。钦江干流全长 195.26 km，流域面积 2 391.3 km²（钦州市水利局，2012）。

钦江流域在行政区划上涉及钦州市的灵山县和钦北区、钦南区，包含灵山县的平山镇、佛子镇、新圩镇、灵城镇、檀圩镇、那隆镇、三隆镇、陆屋镇、烟墩镇和旧州镇，钦北区的青塘镇、平吉镇，钦南区的久隆镇、沙埠镇、尖山镇、康熙岭镇，共 16 个乡镇以及灵山县城区、钦州市城区（见图 3.1-2）。

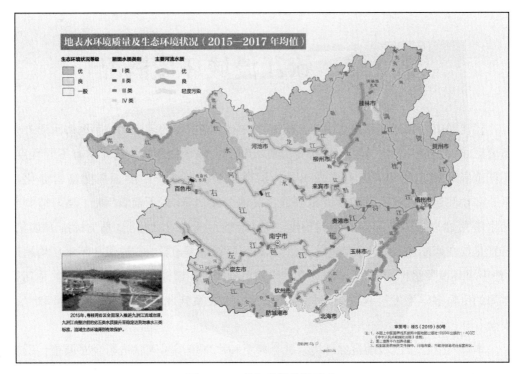

图 3.1-1　钦江流域位置示意

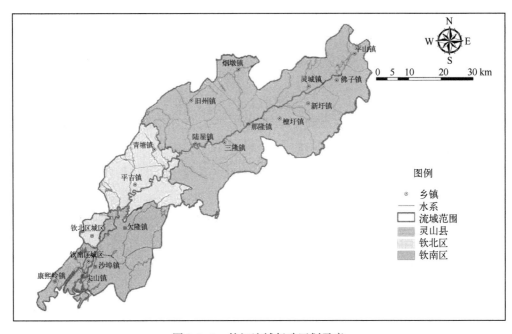

图 3.1-2　钦江流域行政区划示意

3.1.2　地形地貌

钦江流域位于华南交地台的南端，地质构造复杂，地层发育较全。钦江流域形状为舟形，长约 130 km，宽 8~22 km，地势为东北部高，西南部低。东北部及中部多为高山及低丘，海拔在 250~600 m 之间，河流两岸为台地及低丘，台地高程 10~60 m，低丘高程 100~250 m。西南部为钦江下游的滨海平原，海拔在 1~6 m 之间（钦州市水利局，2012）。流域丘陵、台地和平原约占总面积的 82.5%。流域中主要山脉有六万大山和十万大山余脉，六万大山在流域东北部形成了罗阳山和东山山脉。钦江流域的大地构造坐落在新华系构造体系第二隆起的西北部，北部湾凹陷边缘。地质构造经历了漫长的地质年代的变化。流域内的岩石种类较多，主要有花岗岩、砂岩、砂页岩、石膏、石灰石、紫色砂页岩和滨海沉积物等。流域土壤多为红壤土（郭纯青等，2013）。

3.1.3　水系特征

钦江属桂南独流入海河流之一，流域上陡下缓，平均高程为 90.8 m，总落差为 107.7 m，河道弯曲系统为 1.94，平均河床坡降 0.32‰，流域多年（1956—2000 年）平均径流量为 22.11 亿 m³（谭庆梅，2009）。因受降雨不均的影响，流量的年内变化较大，在汛期（5—9 月），其流量占全年流量的 83%，其中以 8 月流量最大，占年流量的 22%；枯季（10 月至翌年 3 月），流量仅占全年流量的 17%，最小流量出现在 12 月至翌年 2 月，3 个月的流量只占全年流量的 6%。根据陆屋水文站的统计，钦江多年评价天然月径流量及年径流量见表 3.1-1。钦江主要为沙质河床，河流多年平均含沙量为 0.22 kg/m³，年输沙量 46.5 万 t，侵蚀模数为 199 t/km²。钦州市区一带河段为感潮河段，海水可上溯到青年水闸。涨潮潮差最大为 2.18 m，平均 0.96 m；落潮潮差最大为 2.17 m，平均为 0.99 m。涨潮历时多年平均值 4.26 h，落潮历时多年平均值 18.69 h。

表 3.1-1　钦江陆屋水文站多年天然径流量统计　　　　　　单位：亿 m³

多年月平均径流量												全年
1 月	2 月	3 月	4 月	5 月	6 月	7 月	8 月	9 月	10 月	11 月	12 月	
0.28	0.26	0.39	0.84	1.15	1.91	2.34	2.39	1.22	0.71	0.47	0.27	12.22

注：数据引自《广西钦州市水资源综合规划报告》（钦州市水利局，广西水文水资源钦州分局，2007）。

钦江流域主要的支流有灵山河、见田岭江、那隆水、太平河等 13 条较大支流，其中流域面积大于 50 km² 的支流有 12 条。钦江各支流的河流特征见表 3.1-2。

表 3.1-2　钦江支流河流特征值

编号	支流名称	河流级别	流域面积/km²	河流长度/km
1	灵山河	一级支流	74.35	18.6
2	见田岭江	一级支流	46.71	15.47
3	大塘河	一级支流	52.19	16.64
4	那隆水	一级支流	210.7	37.39
5	烟墩江	二级支流	69.1	14
6	太平河	一级支流	128.9	19.8
7	旧州江	一级支流	186.49	38.67
8	西屯河	二级支流	51.59	13.19
9	丁屋江	一级支流	56.67	18.79
10	新坪江	一级支流	105.17	36.43
11	青塘河	一级支流	81.49	25.6
12	三踏水	一级支流	85.12	19.73
13	沙埠河	一级支流	53	24.93

注：资料引自《钦州市水功能区划》(钦州市水利局，2012 年 12 月)。

(1) 汇水范围

钦江流域上游汇水范围包括灵山县钦江干流和沿岸一级支流的平山镇、佛子镇、新圩镇、灵城镇、檀圩镇、那隆镇、三隆镇、陆屋镇，主要二级支流的烟墩镇和旧州镇。钦江中游从灵山县陆屋镇经钦北区的青塘镇、平吉镇、钦北区矿务局、钦南区久隆镇至青年水闸处。钦江下游自青年水闸以下经钦州市城区、沙埠镇、康熙岭镇、尖山镇汇入茅尾海。其中，久隆镇和沙埠镇分别有 172.9 km² 和 118.4 km² 的流域面积属于大风江流域。钦江流经钦州市城区，在钦州市四桥后分流为钦江东支和钦江西支，其中钦江西支也称为大榄江。钦江流域汇水范围见图 3.1-1。

(2) 控制单元划分

为便于分析流域污染特征和进行水环境容量分配，本研究对钦江流域划分控制单元，主要考虑 3 个原则：一是汇水区域原则，主要考虑钦江干流和一级支流；二是行政区边界原则，根据流域范围尽量不打破乡镇边界；三是重点区域原则，主要根据重要汇水区和河流水质特征划分(王涛等，2012；邓富亮等，2016)。采用上述原则，对钦江流域共划分 32 个控制单元，划分方案见表 3.1-3。按行政区统计，灵山县、钦北区和钦南区分别有 17 个、5 个和 10 个控制单元。由于钦江青年水闸以上为饮用水源段，水质较好，故钦州市城区是影响入海断面水质的重要汇水区域。其中，青年水闸以下的钦江干流钦南段的钦南区城区 4 个街道、沙埠镇、尖山镇和康熙岭镇共 7 个控制单元为重点区域。

表 3.1-3　钦江流域控制单元划分情况

区(县)	序号	控制单元水系		控制单元名称		流域面积/km²
灵山县	1	灵东水库		平山镇		116.27
	2	干流灵山段-1		佛子镇(钦江)		168.24
	3	大塘河		灵城镇(大塘河)		98.83
	4	灵山河		灵城镇(灵山河)		76.30
	5	见田岭江		新圩镇(见田岭江)		94.19
	6	干流灵山段-2		新圩镇(钦江)		70.06
	7	干流灵山段-3		檀圩镇(钦江)		162.98
	8	那隆水		烟墩镇(那隆水)		152.74
	9	干流灵山段-4		那隆镇(钦江)		119.93
	10	太平河		那隆镇(太平河)		113.12
	11	旧州江		旧州镇(旧州江)		174.12
	12	新坪江		旧州镇(新坪江)		42.91
	13	干流灵山段-5		三隆镇(钦江)		101.82
	14	太平河		三隆镇(太平河)		24.74
	15	丁屋江		陆屋镇(丁屋江)		197.73
	16	新坪江		陆屋镇(新坪江)		42.23
	17	旧州江		陆屋镇(旧州江)		110.28
钦北区	18	青塘河		青塘镇(青塘河)		143.72
	19	干流钦北段-1		平吉镇(钦江)		170.38
	20	干流钦北段-2		平吉镇(吉隆水库下游)		45.40
	21	三踏水		平吉镇(三踏水)		84.89
	22	干流钦北段-3		钦北区城区(钦江)		57.39
钦南区	23	大风江-1		久隆镇(大风江)		172.87
	24	干流钦南段-1		久隆镇(钦江)		88.00
	25	大风江-2		沙埠镇(大风江)		118.44
	26	重点区域	干流钦南段-2	钦南区城区	水东街道(钦江)	25.64
	27		干流钦南段-3		向阳街道(钦江)	8.94
	28		干流钦南段-4		文峰街道(钦江)	6.07
	29		干流钦南段-5		南珠街道(钦江)	32.72
	30		干流钦南段-6		沙埠镇(钦江)	85.78
	31		干流钦南段-7		尖山镇(钦江)	26.86
	32		干流钦南段-8		康熙岭镇(钦江)	28.46

3.1.4 气候特征

钦州市地处低纬度沿海，属南亚热带季风气候，全年日平均气温 21.7～22.5℃，最热月份为 7 月，平均气温为 27.9～28.6℃，最冷月份为 1 月，平均气温为 12.9～13.9℃；极端最高气温为 38.8℃，极端最低气温为-1.9℃。

钦州市是广西的多雨地区之一，多年平均降雨量为 1 609.2～2 173.9 mm，降雨量地区分布不均，流域上游的灵山县为 1 609.2 mm，流域中下游的钦北区、钦南区为 2 173.9 mm；降雨量年际变化较大，年降雨量变差系数约为 0.2，最大与最小降雨量差值一般在 1 500 mm 以上；年内分配极不均匀，4—9 月降雨量为 1 813 mm，占年降雨量的 84.1%；最多降雨月份为 7 月，月平均降雨量为 482.8 mm，最少降雨月份为 12 月，降雨量仅为 30.4 mm。水面蒸发量以 9 月最大，2 月最小，全市多年平均水面蒸发量为 1 372.4 mm，流域上游的灵山县多年平均水面蒸发量为 1 707.5 mm，流域中下游的钦北、钦南区多年平均水面蒸发量为 1 259.9 mm，多年陆面蒸发量约为 800 mm。

3.1.5 资源概况

钦州市发现的矿产有 46 种，矿床及矿点共 176 处，达小型规模以上的有 46 处，已经开发利用的主要矿种有铅锌矿、煤矿、锰矿(氧化锰)、陶瓷土、石膏矿、钛铁砂矿、石灰岩、花岗岩及建筑用砂等。钦江流域植被繁茂，天然植被分区属桂南热带雨林和亚热带季雨林区，植被类型和植物群落多种多样，流域内的原生植被大致分为季雨林、常绿阔叶林、针叶林、针阔混交林和稀树矮草等类型。现有森林为以松、杉为主的次生杂木林，杂木主要有椎、桉树、榕树、苦楝、油桐、木麻黄、樟、楠、荷木、紫荆、竹等；灌木丛以桃金娘芒箕群落为主，还有油甘、乌桕、辣蓼、漆树等；草类以绒草为主。

3.2 社会经济发展概况

3.2.1 人口分布

2015 年钦江流域总人口 183.9 万人，其中农村人口 130.6 万人，占人口总数的 71.0%，农业人口比重较大。流域 3 个辖区中，灵山县总人口 115.4 万人，钦北区 18.9 万人，钦南区 49.6 万人。具体人口情况见表 3.2-1。

表 3.2-1　钦江流域 2015 年人口概况

行政区		城镇人口/人	农村人口/人	总人口/人
灵山县	平山镇	3 100	49 197	52 297
	佛子镇	5 900	68 214	74 114
	灵城镇	124 474	110 055	234 529
	新圩镇	12 978	112 745	125 723
	檀圩镇	20 267	106 344	126 611
	那隆镇	7 236	120 523	127 759
	三隆镇	7 789	74 048	81 837
	陆屋镇	20 428	98 861	119 289
	烟墩镇	9 156	83 069	92 225
	旧州镇	5 868	114 055	119 923
	合计	217 196	937 111	1 154 307
钦北区	平吉	12 000	99 000	111 000
	青塘	4 759	49 042	53 801
	钦北区城区	19 314	5 210	24 524
	合计	36 073	153 252	189 325
钦南区	钦南区城区 水东街道	46 024	11 506	57 530
	向阳街道	64 407	16 102	80 509
	文峰街道	56 418	14 104	70 522
	南珠街道	91 711	22 928	114 639
	久隆镇	1 505	45 217	46 722
	沙埠镇	5 602	38 820	44 422
	尖山镇	8 603	21 034	29 637
	康熙岭镇	5 938	45 650	51 588
	合计	280 208	215 361	495 569
合计		533 477	1 305 724	1 839 201

3.2.2　国民经济发展概况

2015 年，钦州市全年国内生产总值为 944.4 亿元，同比增长 8.4%，第一产业 205.18 亿元，第二产业 381.75 亿元，第三产业 357.49 亿元，人均国内生产总值 29 560 元，三大产业结构比例为 21.7∶40.4∶37.9，与同期全国平均水平为 9.0∶40.5∶50.5 相比，钦州市总体第一产业的比例相对较高，而第三产业的比例相对较低。2015 年钦州市三大产业增加值及产业结构情况见图 3.2-1。

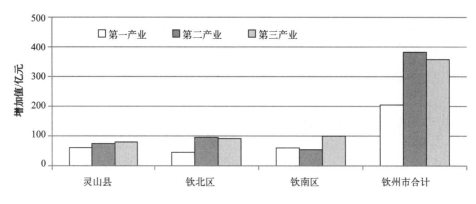

图 3.2-1　2015 年钦南区、钦北区和灵山县三大产业增加值分布情况

3.2.3　土地利用概况

钦江流域涉及灵山县、钦南区、钦北区 3 个区(县)，土地总面积 3 113 km²。其中，钦南区 810 km²，钦北区 423 km²，灵山县 1 880 km²。灵山县占流域面积的 60%，其次是钦南区，占流域面积 26%。钦江流域内土地利用概况详见表 3.2-2。钦江流域内总耕地面积为 778.5 km²，林地面积 1 170.7 km²，城镇村及工矿用地 260.6 km²，流域内用地以林地为主，耕地次之，城镇村及工矿用地最少。

表 3.2-2　2014 年钦江流域内土地利用概况

行政区域	耕地		林地		城镇村及工矿用地	
	面积/km²	占比/(%)	面积/km²	占比/(%)	面积/km²	占比/(%)
灵山县	491.6	26.15	732.5	38.96	126.1	6.71
钦南区	151.0	18.64	272.8	33.68	116.3	14.36
钦北区	135.9	32.10	165.4	39.07	18.2	4.30
合计	778.5	25.01	1 170.7	37.60	260.6	8.37

3.2.4　工业发展概况

钦州市全市辖两区两县，2015 年获自治区备案的各类园区 9 个，22 个片区，总规划面积 351.09 km²。其中，国家级园区 3 个，自治区级园区 4 个，自治区 A 类园区 3 个，市级园区 2 个。隶属于钦江流域内的工业园区有灵山工业园区、钦州市高新技术产业开发区和黎合江工业园区，具体分布与规模见表 3.2-3。

表 3.2-3　钦江流域工业园区布局情况

区（县）	园区名称	分片区名称	面积/km²	主导产业（现状）	污水处理设施情况
灵山县	灵山工业园区	十里工业园	34.28	以农林产品加工、纺织服装为主导产业，协同发展电子电器、新型建材、电商物流、机电制造、工程装备、汽车零部件产业	接入灵山县城污水处理厂集中处理
		陆屋临港产业园			接入陆屋镇污水处理厂集中处理
钦南区	钦州市高新技术产业开发区	—	42.2	以生物医药、电子信息为主导产业，协同发展智能制造、电商物流、文化创意、科技服务业	接入钦州市河东污水处理厂集中处理
	黎合江工业园区	—	1.76	建材、环保材料、冶金设备、橡胶制品、混凝土、水泥、化工、农副食品等	接入钦州市河东污水处理厂处理

3.3　水环境质量状况

3.3.1　钦江流域常规水质监测情况

为全面了解钦江流域水环境质量状况，本研究收集了 2010—2016 年钦江流域 8 个常规监测断面的监测数据进行统计分析，其中灵山县的灵东水库、自来水厂取水口、东边塘和陆屋水文站断面数据来源于灵山县环境监测站，白坟江、青年水闸断面数据来源于钦州市环境保护监测站，钦江入海的钦江东、钦江西断面数据来源于广西海洋环境监测中心站。监测断面从上游至下游的布设情况见表 3.3-1。

表 3.3-1　监测断面布设情况

河段名称	断面名称	采样频次	主要监测项目	水质管理目标	备注
灵东水库	灵东水库断面	分丰、平、枯三期监测，每期监测1次	水温、pH 值、溶解氧、总磷、化学需氧量、氨氮、砷、氟化物	Ⅱ类	水源保护区
钦江	灵山县自来水厂取水口断面			Ⅱ类	水源保护区
钦江	东边塘断面			Ⅲ类	
钦江	陆屋水文站断面			Ⅲ类	水源地

河段名称	断面名称	采样频次	主要监测项目	水质管理目标	备注
钦江	白坟江断面	每月监测1次	水温、pH值、溶解氧、高锰酸盐指数、五日生化需氧量、化学需氧量、氨氮、总磷、总氮、挥发酚、砷、汞、六价铬、铜、铅、锌、镉、硒、石油类、氟化物、氰化物、阴离子表面活性剂、硫化物、粪大肠菌群、铁、锰	Ⅲ类	灵山县与钦州市交界断面
钦江	青年水闸断面			Ⅱ类	水源保护区
钦江	钦江东（入海断面）	2010年分丰、平、枯3期监测，每期监测1次；2011—2012年每季度监测1次，2013—2015年每月监测1次	水温、pH值、溶解氧、高锰酸盐指数、五日生化需氧量、化学需氧量、氨氮、总磷、总氮、挥发酚、砷、汞、六价铬、铜、铅、锌、镉、硒、石油类、氟化物、氰化物、阴离子表面活性剂、硫化物、铁、锰	Ⅲ类	考核断面
钦江	钦江西（入海断面）			Ⅳ类	考核断面

注：监测项目粪大肠菌群、总氮、铁和锰不列入本研究水质类别评价。

3.3.1.1 钦江流域历年年均水质监测评价结果

2010—2015年钦江流域常规监测断面的年平均水质类别评价结果见表3.3-2，年均水质超标污染物及超标倍数见表3.3-3。从表3.3-2中可以看出，灵东水库、陆屋水文站、白坟江和青年水闸监测断面2010—2015年年均水质均能达到功能区水质目标；灵山县自来水厂取水口和东边塘监测断面连续6年均未能达到功能区水质目标，其中灵山县自来水厂取水口持续为Ⅲ类，东边塘断面持续为Ⅴ类或劣Ⅴ类。钦江东断面2010—2011年年均水质类别为Ⅳ类，2012—2015年年均为Ⅲ类，达到年均水质管理目标。钦江西断面2013—2015年持续较差，均为劣Ⅴ类，未能达到水质管理目标。从表3.3-3中可以看出，近6年来，钦江流域年平均水质超标污染物主要为总磷、氨氮。2015年，灵山县自来水厂取水口年均水质超标因子总磷的超标倍数为0.3倍；东边塘断面超标因子总磷和氨氮的超标倍数分别为0.2倍和0.6倍。钦江西超标因子氨氮和总磷的最大超标倍数分别为1.0倍和0.5倍。

总体来看，钦江流域上游灵山县城河段和下游钦州市区考核断面河段年均水质较差，源头处灵山县灵东水库、中游陆屋段、钦北区白坟江和青年水闸段年均水质相对较好。

表 3.3-2　钦江流域历年年均水质类别统计结果

断面名称	水质管理目标	实测水质类型					
		2010 年	2011 年	2012 年	2013 年	2014 年	2015 年
灵东水库	II 类	II 类	II 类	II 类	II 类	II 类	II 类
灵山县自来水厂取水口	II 类	III 类（超）	IV 类（超）	III 类（超）	III 类（超）	III 类（超）	III 类（超）
东边塘	III 类	V 类（超）	V 类（超）	V 类（超）	劣 V 类（超）	V 类（超）	V 类（超）
陆屋水文站	III 类	III 类	III 类	III 类	III 类	III 类	III 类
白坟江	III 类	III 类	III 类	III 类	III 类	III 类	III 类
青年水闸	II 类	II 类	II 类	II 类	II 类	II 类	II 类
钦江东	III 类	IV 类（超）	IV 类（超）	III 类	III 类	III 类	III 类
钦江西	IV 类	V 类（超）	V 类（超）	IV 类	劣 V 类（超）	劣 V 类（超）	劣 V 类（超）

注：类别括号中的"超"代表该类型超过了功能区的水质类别，下同。2016 年不进行年均统计。

表 3.3-3　钦江流域历年年均水质监测评价结果统计

断面名称	水质管理目标	2010 年超标因子/超标倍数（倍）	2011 年超标因子/超标倍数（倍）	2012 年超标因子/超标倍数（倍）	2013 年超标因子/超标倍数（倍）	2014 年超标因子/超标倍数（倍）	2015 年超标因子/超标倍数（倍）
灵东水库	II 类	—	—	—	—	—	—
灵山县自来水厂取水口	II 类	化学需氧量（0.2），总磷（0.3）	总磷（1.1）	总磷（0.2），氨氮（0.2）	总磷（0.2），氨氮（0.2）	总磷（0.9），氨氮（0.4）	总磷（0.3）
东边塘	III 类	溶解氧（0.1），总磷（1.0），氨氮（0.7）	总磷（1.2）	总磷（0.7），氨氮（0.3）	总磷（0.5），氨氮（1.2）	总磷（0.8），氨氮（0.9）	总磷（0.2），氨氮（0.6）
陆屋水文站	III 类	—	—	—	—	—	—
白坟江	III 类	—	—	—	—	—	—
青年水闸	II 类	—	—	—	—	—	—
钦江东	III 类	氨氮（0.1）	—	—	—	—	—
钦江西	IV 类	总磷（0.2），氨氮（0.2）	氨氮（1.6）	—	氨氮（0.4），总磷（0.2）	氨氮（0.8），总磷（0.6）	氨氮（1.0），总磷（0.5）

注：①超标倍数计算按功能区水质目标管理要求，采用《地表水环境质量标准》(GB 3838—2002)相应标准值进行计算。②"—"表示未超标。

3.3.1.2 钦江流域按监测频次统计水质监测评价结果

（1）按监测频次统计超标率情况

2011—2015 年，按监测频次统计超标率情况见表 3.3-4。按监测频次统计，2011—2015 年，灵东水库、陆屋水文站和白坟江断面均出现过超标，但超标率较低（年内只有 1 次超标），2015 年这 3 个断面达标率为 100%。灵山县自来水厂取水口和东边塘监测断面超标率持续较高，2013—2014 年超标率为 100%，2015 年灵山县自来水厂取水口断面超标率为 100%，东边塘断面超标率为 33%。从 2013 年起，青年水闸和钦江东、钦江西断面超标率明显增加，其中钦江东和钦江西超标率增加较大。2015 年，青年水闸年内超标率为 42%，钦江东超标率为 75%，钦江西年内超标率为 100%。

表 3.3-4 钦江流域 2011—2015 年水质超标率（按监测频次）

监测断面	水质目标	2011 年		2012 年		2013 年		2014 年		2015 年	
		监测次数/次	超标率（%）	监测次数/次	超标率（%）	监测次数/次	超标率（%）	监测次数/次	超标率（%）	监测次数/次	超标率（%）
灵东水库	Ⅱ类	3	0	3	0	3	33	3	0	3	0
灵山县自来水厂取水口	Ⅱ类	3	100	3	67	3	100	3	100	3	100
东边塘	Ⅲ类	3	100	3	100	3	100	3	100	3	33
陆屋水文站	Ⅲ类	3	33	3	33	3	33	3	0	3	0
白坟江	Ⅲ类	12	17	12	0	12	0	12	8	12	0
青年水闸	Ⅱ类	12	8	12	8	12	17	12	25	12	42
钦江东	Ⅲ类	4	50	4	0	12	17	12	67	12	75
钦江西	Ⅳ类	4	75	4	75	12	75	12	92	12	100

（2）按监测频次统计最差月水质评价结果

2011 年至 2016 年 6 月，钦江流域按监测频次统计最差月水质超标指标和超标倍数见表 3.3-5，最差月水质类别见表 3.3-6。钦江流域按监测频次统计最差月水质污染物超标因子主要为氨氮、总磷、化学需氧量和溶解氧。其中，氨氮、总磷超标比较突出，在最差月中出现频率高。2011—2016 年，灵山县灵东水库、陆屋水文站最差月水质偶尔出现超标。灵山县自来水厂取水口断面和东边塘断面近 5 年最差月水质均超

表 3.3-5　钦江流域 2011—2016 年监测最差月水质超标指标和超标倍数

监测断面	水质目标	2011 年	2012 年	2013 年	2014 年	2015 年	2016 年（1—6 月）
灵东水库	Ⅱ类	—	—	溶解氧（1.80）	—	—	—
灵山县自来水厂取水水口	Ⅱ类	总磷（1.80），氨氮（0.01），溶解氧（0.05）	氨氮（1.12），化学需氧量（0.07）	总磷（0.48），氨氮（0.37），溶解氧（0.60）	总磷（1.36），氨氮（0.76），溶解氧（1.80），化学需氧量（0.20）	氨氮（0.38），化学需氧量（0.20），总磷（0.08），溶解氧（0.45）	氨氮（0.16），总磷（0.99），五日生化需氧量（0.07）
东边塘	Ⅲ类	总磷（2.15），氨氮（0.63）	氨氮（0.51）	氨氮（1.77），总磷（1.00）	总磷（1.49），氨氮（1.33），化学需氧量（0.40）	氨氮（1.99），总磷（0.89），化学需氧量（0.20）	—
陆屋水文站	Ⅲ类	化学需氧量（0.40）	总磷（0.85）	氨氮（0.18）	—	—	化学需氧量（0.15）
白坟江	Ⅲ类	溶解氧（1.44），化学需氧量（0.05）	—	—	溶解氧（1.44）	—	—
青年水闸	Ⅱ类	氨氮（0.71）	氨氮（0.16）	溶解氧（1.05）	溶解氧（1.20），化学需氧量（0.07）	化学需氧量（0.20），溶解氧（0.13），氨氮（0.45）	溶解氧（0.45）
钦江东	Ⅲ类	氨氮（0.95），化学需氧量（0.15），总磷（0.15）	—	溶解氧（0.72）	氨氮（1.98），总磷（0.20），化学需氧量（0.05）	氨氮（1.36），总磷（0.70），溶解氧（2.88）	—
钦江西	Ⅳ类	氨氮（1.32），化学需氧量（0.40），总磷（0.30），溶解氧（0.30）	总磷（0.23），氨氮（0.22）	氨氮（3.34），总磷（1.07），溶解氧（3.90）	氨氮（2.22），总磷（2.03），溶解氧（3.00）	氨氮（3.13），总磷（1.03），溶解氧（2.40）	氨氮（1.89），总磷（1.33）

注："—"表示未超标，"/"表示未监测。

表3.3-6　钦江流域2011—2016年监测最差月水质类别

监测断面	水质目标	2011年	2012年	2013年	2014年	2015年	2016年（1—6月）
灵东水库	Ⅱ类	Ⅱ类	Ⅱ类	Ⅳ类（超）	Ⅱ类	Ⅱ类	Ⅱ类
灵山县自来水厂取水口	Ⅱ类	Ⅲ类（超）	Ⅳ类（超）	Ⅲ类（超）	Ⅳ类（超）	Ⅲ类（超）	Ⅲ类（超）
东边塘	Ⅲ类	Ⅴ类（超）	Ⅴ类（超）	劣Ⅴ类（超）	劣Ⅴ类（超）	劣Ⅴ类（超）	/
陆屋水文站	Ⅲ类	Ⅲ类	Ⅴ类（超）	Ⅳ类（超）	Ⅲ类	Ⅲ类	Ⅳ类（超）
白坟江	Ⅲ类	Ⅳ类（超）	Ⅲ类	Ⅲ类	Ⅳ类（超）	Ⅲ类	Ⅲ类
青年水闸	Ⅱ类	Ⅲ类（超）	Ⅲ类（超）	Ⅲ类（超）	Ⅲ类（超）	Ⅲ类（超）	Ⅲ类（超）
钦江东	Ⅲ类	Ⅲ类	Ⅲ类	Ⅳ类（超）	Ⅴ类（超）	劣Ⅴ类（超）	Ⅲ类
钦江西	Ⅳ类	劣Ⅴ类（超）	Ⅴ类（超）	劣Ⅴ类（超）	劣Ⅴ类（超）	劣Ⅴ类（超）	劣Ⅴ类（超）

注："/"表示未监测。

标。钦北区白坟江断面最差月水质偶尔超标。青年水闸断面最差月水质超标的污染因子主要为氨氮、溶解氧和化学需氧量，其中氨氮和溶解氧超标的概率相对较高。钦南区钦江东断面最差月水质超标因子主要为氨氮、总磷、溶解氧和化学需氧量。钦江西断面最差月水质超标率为100%，超标因子主要为氨氮、总磷和溶解氧，其氨氮、总磷的超标概率和倍数均比钦江东高。

3.3.1.3　钦江流域按水期统计水质监测评价结果

2011—2016年，监测结果按水期统计情况见表3.3-7和表3.3-8。经对各水期的监测结果进行分析，钦江流域各常规监测断面的水质有如下特征：灵山县城钦江河段灵山自来水厂取水口和东边塘断面水质最差时段大多出现在丰水期6—9月，说明面源的影响较大，但在枯水期和平水期亦存在超标，说明灵山县城段的污染控制应点、面源兼顾。根据污染源调查统计结果，氨氮主要关注城镇生活污染源、农村生活污染源，总磷主要关注畜禽养殖污染源、农村生活污染源。钦州市区下游的钦江东、钦江西断面河段水质在全年不同时期均有超标，最差时段大多出现在枯水期12月至翌年3月，说明点源的影响最大。根据污染源调查统计结果，总磷的控制主要关注城镇污水处理厂、城镇生活污染源。氨氮的控制主要关注城镇生活污染源。

总体而言，对氨氮和总磷的控制是钦江水体质量达标的关键。

表 3.3-7　青年水闸以上钦江流域水质监测评价结果

点位名称	水期	超标因子及超标倍数（倍）					
		2011 年	2012 年	2013 年	2014 年	2015 年	2016 年
灵东水库	枯水期	—	—	—	—	—	—
	丰水期	—	—	—	—	—	—
	平水期	—	—	溶解氧（1.80）	—	—	—
灵山县自来水厂取水口	枯水期	总磷（0.50），氨氮（0.01）	氨氮（1.12）	氨氮（0.07）	总磷（0.87），氨氮（0.76）	溶解氧（0.15），总磷（0.02）	氨氮（0.72）
	丰水期	溶解氧（0.05），总磷（1.8）	化学需氧量（0.07）	溶解氧（0.60），总磷（0.20），氨氮（0.37）	溶解氧（1.80），总磷（1.36），氨氮（0.43）	溶解氧（0.45），总磷（0.06）	五日生化需氧量（0.07），总磷（0.99）
	平水期	总磷（0.9）	—	总磷（0.48），氨氮（0.29）	总磷（0.40），化学需氧量（0.20），氨氮（0.12）	总磷（0.08），化学需氧量（0.20），氨氮（0.38）	／
东边塘	枯水期	总磷（0.75）	氨氮（0.51）	总磷（1.00），氨氮（1.14）	总磷（0.89），氨氮（1.25）	／	／
	丰水期	总磷（0.5），氨氮（0.63）	氨氮（0.26）	总磷（0.55），氨氮（1.77）	总磷（1.49），氨氮（1.33）	总磷（0.89），化学需氧量（0.20），氨氮（1.99）	／
	平水期	总磷（2.15），氨氮（0.13）	氨氮（0.19）	氨氮（0.53）	化学需氧量（0.40），氨氮（0.17）	／	／

续表

点位名称	水期	2011年	2012年	2013年	2014年	2015年	2016年
		超标因子及超标倍数（倍）					
陆屋水文站	枯水期	—	—	—	—	—	化学需氧量(0.15)
	丰水期	化学需氧量(0.4)	—	—	—	—	化学需氧量(0.15)
	平水期	—	总磷(0.85)	氨氮(0.18)	—	—	/
白坟江	枯水期	—	—	—	—	—	—
	丰水期	—	—	—	—	—	/
	平水期	—	—	—	—	—	—
青年水闸	枯水期	—	—	—	—	—	—
	丰水期	—	—	溶解氧(0.15)	—	—	/
	平水期	—	—	—	—	—	—

注："—"表示未超标，"/"表示未监测。

表3.3-8 青年水闸以下钦江流域水质监测评价结果

点位名称	季度	2011年	2012年	2013年	2014年	2015年	2016年
		超标因子及超标倍数（倍）					
钦江东	第1季度	氨氮(0.95)、总磷(0.15)	—	—	氨氮(0.11)	氨氮(0.41)	—
	第2季度	化学需氧量(0.15)、氨氮(0.26)	—	溶解氧(0.48)	溶解氧(0.06)	溶解氧(1.14)、总磷(0.33)	—
	第3季度	—	—	—	溶解氧(0.60)	溶解氧(0.84)	/
	第4季度	—	—	—	—	总磷(0.10)	/

续表

点位名称	季度	2011 年	2012 年	2013 年	2014 年	2015 年	2016 年
				超标因子及超标倍数（倍）			
钦江西	第 1 季度	氨氮（1.32）、总磷（0.30）	—	氨氮（0.60）、总磷（0.12）	氨氮（1.07）、总磷（1.18）	氨氮（0.93）、总磷（0.83）	氨氮（1.89）、总磷（1.33）
	第 2 季度	化学需氧量（0.40）	氨氮（0.22）	溶解氧（0.90）总磷（0.37）	氨氮（1.00）、总磷（0.80）	氨氮（0.98）、总磷（0.56）	氨氮（0.85）、总磷（0.70）
	第 3 季度	溶解氧（0.30）	氨氮（0.12）	—	溶解氧（0.90）、氨（0.05）	溶解氧（1.30）、氨（0.91）	/
	第 4 季度	—	总磷（0.23）	氨氮（1.30）、总磷（0.60）	氨氮（1.26）、总磷（0.64）	氨氮（1.24）、总磷（0.47）	/

注："—"表示未超标，"/"表示未监测。

3.3.1.4 水质综合指数趋势分析

由于各断面的监测项目和水质目标不一致，本次采用综合指数和秩（Daniel）趋势检验法对钦江流域水质变化趋势进行分析。根据钦江流域的污染特征，选取化学需氧量、氨氮、总磷和溶解氧四项指标对钦江流域各断面年均浓度计算综合指数（统一采用地表水Ⅲ类水质标准），具体综合指数计算结果见表 3.3-9。从表 3.3-9 中以可看出，2011—2015 年钦江流域除了灵东水库水质综合指数明显下降，水质变好外，其余各断面综合指数显示变化趋势均不显著。这 5 年中，钦江流域 2014 年的污染综合指数相对最高，水质最差，2015 年污染综合指数整体有所下降。

表 3.3-9　2011—2015 年各监测断面水质综合指数

年份	灵东水库	灵山县自来水厂	东边塘	陆屋水文站	白坟江	青年水闸	钦江东	钦江西
2011	1.56	2.70	4.62	2.41	1.87	1.36	3.12	4.64
2012	1.23	2.16	4.40	2.65	2.02	1.70	2.24	4.01
2013	1.33	2.34	4.71	2.77	2.11	1.66	2.35	5.18
2014	1.07	2.78	5.20	2.69	2.25	1.77	2.75	6.65
2015	1.01	2.18	4.40	2.20	1.98	1.54	3.07	6.64
相关系数	−0.90	0	−0.15	−0.1	0.40	0.3	0	0.80
趋势结论	显著下降	不显著	不显著	不显著	不显著	不显著	不显著	不显著

从图 3.3-1 来看，钦江流域从上而下的水质变化状况为：源头处灵东水库水质较好，上游段灵山县城东边塘河段水质较差，中游段陆屋水文站、白坟江和青年水闸段水质较好，下游段钦州市区的钦江西断面水质最差，钦江东断面次之。

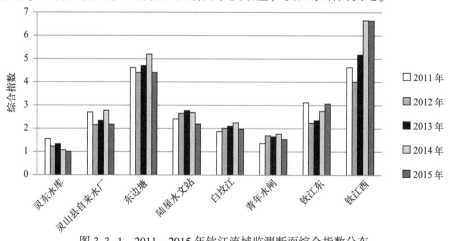

图 3.3-1　2011—2015 年钦江流域监测断面综合指数分布

3.3.1.5 入海断面水质变化趋势

采用 Spearman 秩相关系数法计算，钦江西、钦江东入海断面化学需氧量、氨氮和总磷的年均浓度变化趋势见图 3.3-2 和图 3.3-3。2008—2015 年，钦江西入海断面的氨氮和总磷呈显著上升趋势，化学需氧量呈现显著下降趋势。钦江东断面的化学需氧量呈现显著下降趋势，氨氮和总磷在 2014—2015 年的总体浓度较 2013 年有所增加，但变化不显著。

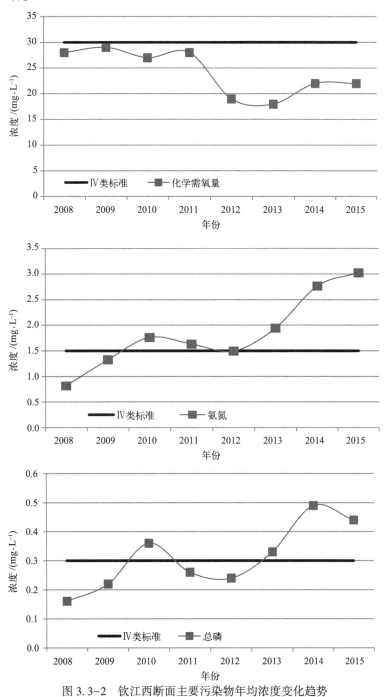

图 3.3-2　钦江西断面主要污染物年均浓度变化趋势

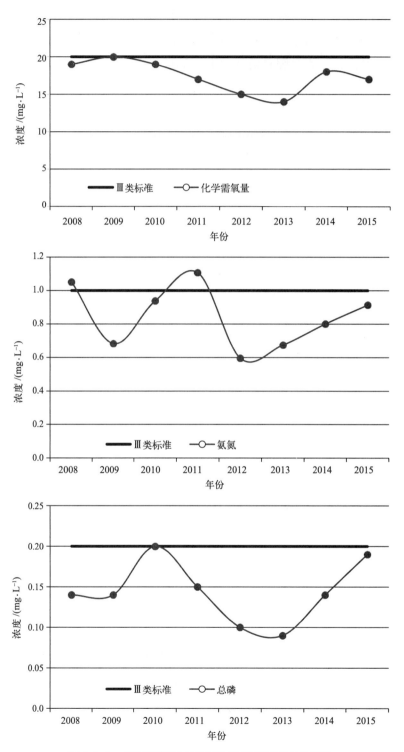

图 3.3-3 钦江东断面主要污染物年均浓度变化趋势

3.3.2　钦江流域水质大面监测

3.3.2.1　监测布点

根据《地表水和污水监测技术规范》(HJ/T 91—2002)有关技术要求,以及钦江水功能区划、水系特征和污染源排放的情况,于 2016 年 5 月对钦江流域开展了水质大面监测。主干流共布设 13 个监测断面,主要支流共设置 11 个监测断面。按重点调查区域,对钦州市区的小支流共设置 8 个监测断面进行监测。其中,支流断面一般设置在入干流河前 50~100 m 的位置。具体的监测断面布设情况详见表 3.3-10 至表 3.3-12 以及图 3.3-4。

表 3.3-10　钦江干流监测断面布设情况

监测编号	河段名称	断面名称	水质控制目标	水功能区
1	灵东水库	灵东水库断面	Ⅱ类	水源保护区
2	钦江	灵山县自来水厂取水口断面	Ⅱ类	水源保护区
3	钦江	东边塘断面	Ⅲ类	三海农业用水区
4	钦江	灵山县那隆镇那隆坝	Ⅲ类	三海农业用水区—水源保护区
5	钦江	陆屋水文站断面	Ⅲ类	水源保护区
6	钦江	白坟江断面	Ⅲ类	钦江灵山陆屋—钦北平吉工业、农业用水区
7	钦江	平吉镇自来水厂取水口断面	Ⅲ类	钦江灵山陆屋—钦北平吉工业、农业用水区
8	钦江	钦州市钦南区久隆镇定蒙渡口	Ⅱ类	钦江钦北平吉农业用水区—水源保护区
9	钦江	青年水闸断面	Ⅱ类	水源保护区
10	钦江	钦江东西分汊干流上游 100 m	Ⅳ类	钦江工业景观用水
11	钦江	钦江东西分汊钦江西下游 50 m	Ⅳ类	钦江钦州尖山入海口渔业用水区(左支)
12	钦江	钦江西入海断面	Ⅳ类	钦江钦州尖山入海口渔业用水区(左支)
13	钦江	钦江东入海断面	Ⅲ类	钦江大榄江入海口渔业用水区(右支)

表 3.3-11　钦江主要支流监测断面

序号	监测编号	支流名称	河流级别	水质控制目标	水功能区
1	14	灵山河	一级支流	Ⅳ类	灵山河灵山农业用水区
2	15	见田岭江	一级支流	Ⅳ类	见田岭江新圩农业用水区
3	16	大塘河	一级支流	Ⅳ类	大塘河灵城农业用水区
4	17	那隆水	一级支流	Ⅲ类	那隆水那隆饮用、农业用水区
5	18	太平河	一级支流	Ⅲ类	太平河太平饮用、农业用水区
6	19	旧州江	一级支流	Ⅲ类	旧州江旧州饮用水源区
7	20	新坪江	一级支流	Ⅳ类	新坪江陆屋农业用水区

序号	监测编号	支流名称	河流级别	水质控制目标	水功能区
8	21	青塘河	一级支流	—	
9	22	三踏水	一级支流	Ⅳ类	三踏水平吉农业用水区
10	32	灵东水库支流(平山镇)	—		
11	33	旧州江与西屯河汇合下游500 m	二级支流	Ⅲ类	旧州江旧州饮用水源区

注:"—"表示无具体的定位。

表 3.3-12 钦州市区钦江河段小支流监测断面

序号	监测编号	支流名称	位置	备注
1	23	冲口沟	青年水闸下游1.1 km左支流	河东片区
2	24	邓屋沟	青年水闸下游3.3 km左支流	河东片区
3	25	缸瓦窑沟	青年水闸下游5.3 km左支流	河东片区
4	26	沙江沟	青年水闸下游12 km,大榄江支流	河西污水厂污水排污口接纳水体
5	27	东围河*	青年水闸下游15.6 km,大榄江支流	河西片区
6	29	彭屋沟	青年水闸下游12.6 km,大榄江支流	河西片区
7	30	方家村河*	青年水闸下游13 km,大榄江支流	河西片区
8	31	西干渠(入大榄江前50 m)	青年水闸下游9.9 km,大榄江支流	河西片区

注:*支流名称来源于当地人命名。

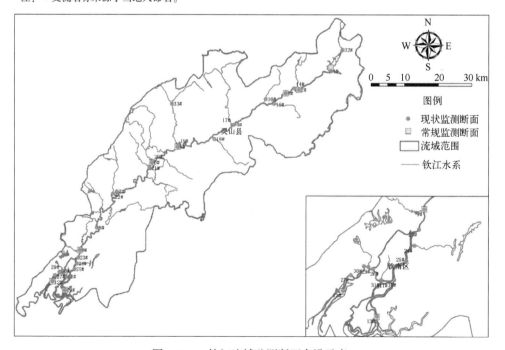

图 3.3-4 钦江流域监测断面布设示意

3.3.2.2　监测项目及监测频率

监测项目：水温、pH 值、溶解氧、化学需氧量、高锰酸盐指数、生化需氧量、五日生化需氧量、氨氮、总磷、总氮、铜、锌、氟化物、硒、砷、汞、镉、六价铬、铅、氰化物、挥发酚、石油类、阴离子表面活性剂、硫化物共 24 项。其中：水温、pH 值、溶解氧、化学需氧量、高锰酸盐指数、五日生化需氧量、氨氮、总磷、总氮连续监测 2 d，其他项目监测 1 d。12 号钦江西和 13 号钦江东断面每天监测 3 次，连续监测 2 d，每天分别于最高潮、最低潮和潮平均时段进行采样。

根据国家环保总局编制的《地表水和污水监测技术规范》（HJ/T 91—2002）和《水和废水监测分析方法》（第四版）规定的方法进行监测采样和分析。

3.3.2.3　钦江流域水质大面监测评价结果

（1）钦江干流和主要支流水质现状监测评价结果统计

2016 年 5 月钦江干流和主要支流的水质监测和统计评价结果见表 3.3-13 和表 3.3-14，主要污染物氨氮、总氮、总磷和化学需氧量的沿程变化情况见图 3.3-5 和图 3.3-6。大面的现状监测结果表明：钦江流域的主要超标因子为氨氮、总磷、溶解氧和化学需氧量，其中氨氮和总磷的超标倍数最大，与近两年常规监测结果基本一致。

表 3.3-13　钦江干流和主要支流监测评价结果统计

断面类别	点位编号	断面名称	水质管理目标	实测水质类别	是否达标	超水质管理目标因子及超标倍数
干流	1 号	灵东水库断面	Ⅱ类	Ⅱ类	是	—
干流	2 号	灵山县自来水厂取水口断面	Ⅱ类	Ⅳ类	否	溶解氧（0.13），化学需氧量（0.53），总磷（0.2）
干流	3 号	东边塘断面	Ⅲ类	Ⅴ类	否	化学需氧量（0.20），总磷（0.80），氨氮（0.04）
干流	4 号	灵山县那隆镇那隆坝	Ⅲ类	Ⅳ类	否	溶解氧（0.67）
干流	5 号	陆屋水文站断面	Ⅲ类	Ⅲ类	是	—
干流	6 号	白坟江断面	Ⅲ类	Ⅲ类	是	—
干流	7 号	平吉镇自来水厂取水口断面	Ⅲ类	Ⅲ类	是	—
干流	8 号	钦州市钦南区久隆镇定蒙渡口	Ⅱ类	Ⅲ类	否	化学需氧量（0.13）

断面类别	点位编号	断面名称	水质管理目标	实测水质类别	是否达标	超水质管理目标因子及超标倍数
干流	9 号	青年水闸断面	Ⅱ类	Ⅲ类	否	高锰酸盐指数(0.10)，化学需氧量(0.07)
干流	10 号	钦江东西分汊干流上游 100 m	Ⅳ类	Ⅳ类	是	—
干流	11 号	钦江东西分汊钦江西下游 50 m	Ⅳ类	Ⅳ类	是	—
干流	12 号	钦江西入海断面	Ⅳ类	劣Ⅴ类	否	化学需氧量(0.43)，氨氮(1.15)
干流	13 号	钦江东入海断面	Ⅲ类	Ⅳ类	否	溶解氧(1.34)，化学需氧量(0.35)
一级支流	14 号	灵山河	Ⅳ类	Ⅳ类	是	—
一级支流	15 号	见田岭江	Ⅳ类	Ⅳ类	是	—
一级支流	16 号	大塘河	Ⅳ类	Ⅲ类	是	—
一级支流	17 号	那隆水	Ⅲ类	Ⅲ类	是	—
一级支流	18 号	太平河	Ⅲ类	Ⅲ类	是	—
一级支流	19 号	旧州江	Ⅲ类	Ⅲ类	是	—
一级支流	20 号	新坪江	Ⅳ类	Ⅳ类	是	—
一级支流	21 号	青塘河	/	Ⅲ类	/	/
一级支流	22 号	三踏水	Ⅳ类	Ⅲ类	是	—
/	32 号	灵东水库支流(平山镇)	—	Ⅳ类	/	/
/	33 号	旧州江与西屯河汇合下游 500 m	Ⅲ类	Ⅳ类	否	氨氮(0.15)

注："—"表示未超标，"/"表示未定义河流类别、水质目标。

表 3.3-14 钦江干流和主要支流 2016 年现场监测各类因子超标比例

断面类别	断面数/个	总超标率(%)	总磷超标率(%)	氨氮超标率(%)	化学需氧量超标率(%)	溶解氧超标率(%)
干流	13	54	15	15	46	23
主要支流	11	9	0	9	0	0

①干流水质情况：干流 13 个断面的监测结果中，有 7 个断面未能达到水质管理目标，超标率为 54%。化学需氧量、溶解氧、氨氮和总磷的超标率分别为 46%、23%、15% 和 15%。监测断面中超标最严重的是钦州市区下游钦江西断面，其次是钦江上游的东边塘断面和灵山县自来水厂取水口断面。干流的其他断面：灵山县那隆镇那隆坝、钦州市钦南区久隆镇定蒙渡口和青年水闸断面均有轻微的超标现象。

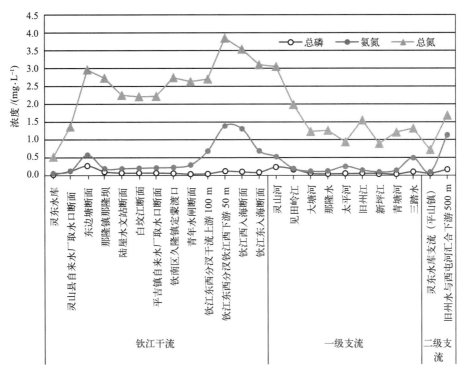

图 3.3-5 钦江流域氨氮、总氮、总磷沿程变化情况

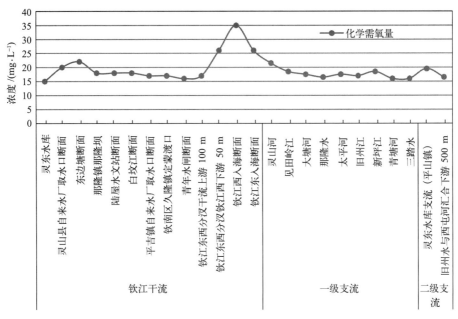

图 3.3-6 钦江流域化学需氧量沿程变化情况

由图 3.3-5 和图 3.3-6 可知，钦江上游灵城镇段和下游钦州市区段水质污染物浓度在流域中相对较高，中游水质较为平稳，变化不大。分析原因：钦江上游灵山县自来水厂取水口断面处主要是受沿岸农业面源和生活污染源的影响，东边塘断面主要是受灵城镇城镇生活源和新圩镇农业面源影响。下游钦江西、钦江东断面主要是受钦州市区城镇生活污染、污水处理厂尾水排放影响，图 3.3-7 和图 3.3-8 表明，钦州市区小支流的主要污染物均存在较高浓度值，由于青年水闸控制下泄流量，市区河段流量较小，加上这些支流的汇入，对钦江的污染影响严重。

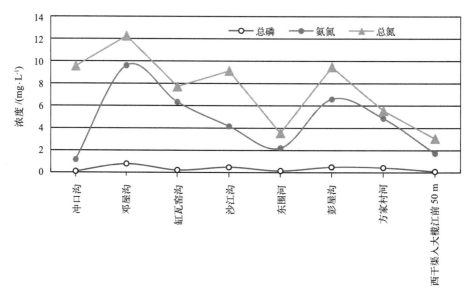

图 3.3-7　钦州市区小支流氨氮、总氮、总磷浓度情况

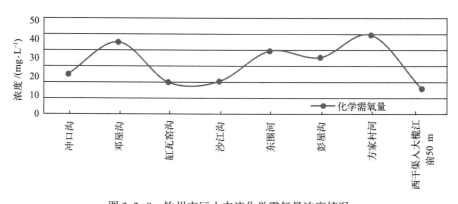

图 3.3-8　钦州市区小支流化学需氧量浓度情况

②主要支流水质情况：主要一级支流和二级支流监测的 11 个断面中，有 1 个断

面未能达到水质管理目标，超标率为 9%。主要支流中的平山镇支流和旧州江上游断面(33 号)水质超Ⅲ类水质标准。由图 3.3-5 和图 3.3-6 可知，灵山河污染物浓度相对于其他支流较高，原因主要是受灵城镇生活污染影响。

（2）钦州市区小支流水质现状监测评价结果统计

钦州市区小支流水质现状监测评价结果见表 3.3-15，主要污染物浓度情况见图 3.3-7 和图 3.3-8。钦州市区内的小支流水质很差，除了冲口沟水质为Ⅳ类外，其余 7 条支流的水质类别均为Ⅴ类或劣Ⅴ类。对照地表水Ⅲ类水质标准，邓屋沟超标最严重，氨氮和总磷超标倍数分别为 8.72 倍和 3.40 倍。

表 3.3-15　钦州市区小支流监测评价结果统计

序号	点位编号	点位名称	实测水质类别	超Ⅲ类水质控制目标标准因子及超标倍数
1	23 号	冲口沟	Ⅳ类	高锰酸盐指数(0.17)，化学需氧量(0.3)，氨氮(0.22)
2	24 号	邓屋沟	劣Ⅴ类	溶解氧(0.86)，高锰酸盐指数(1.07)，化学需氧量(1.4)，总磷(3.40)，氨氮(8.72)
3	25 号	缸瓦窑沟	劣Ⅴ类	化学需氧量(0.05)，总磷(0.2)，氨氮(5.43)
4	26 号	沙江沟	劣Ⅴ类	化学需氧量(0.1)，总磷(1.5)，氨氮(3.23)
5	27 号	东围河	劣Ⅴ类	高锰酸盐指数(0.95)，化学需氧量(1.2)，氨氮(1.5)
6	29 号	彭屋沟	劣Ⅴ类	溶解氧(0.60)，高锰酸盐指数(0.63)，化学需氧量(0.8)，总磷(1.7)，氨氮(5.84)
7	30 号	方家村河	劣Ⅴ类	高锰酸盐指数(1.43)，化学需氧量(1.55)，总磷(1.4)，氨氮(3.9)
8	31 号	西干渠(入大榄江前 50 m)	Ⅴ类	氨氮(0.77)

（3）钦江流域整体水质类别情况

钦江流域干流、主要支流和钦州市区小支流的各类水质断面的比例见表 3.3-16。本研究大面监测的钦江干流和主要支流 24 个断面中，没有Ⅰ类断面，Ⅱ类断面为 4%、Ⅲ类断面为 46%、Ⅳ类断面为 42%、Ⅴ类断面和劣Ⅴ类断面均为 4%。也就是说，干流和主要支流有一半的断面未能达到Ⅲ类水质的要求，Ⅴ类断面和劣Ⅴ类的断面比例占 8%。钦州市区小支流的 8 个断面中，100% 的断面超Ⅲ类水质，劣Ⅴ类的断面比例为 75%，说明钦州市区的小支流水质恶劣。

表 3.3-16　钦江干流、主要支流和各小支流 2016 年现场实测监测水质状况分布

断面个数	I 类	II 类	III 类	IV 类	V 类	劣 V 类
干流和主要支流 24 个	0%	4%	46%	42%	4%	4%
干流 13 个	0%	8%	38%	38%	8%	8%
主要支流 11 个	0%	0%	55%	45%	0%	0%
钦州市区小支流 8 个	0%	0%	0%	13%	13%	75%

3.3.3　河流底泥监测

3.3.3.1　监测布点

为了解河流的内源污染，于 2016 年 5 月对钦江开展河流底泥监测，分别在入海断面钦江西和青年水闸处共布设 2 个监测点。经实际勘察，由于钦江东断面和市区河段河底以沙石为主，故未进行监测。

3.3.3.2　监测因子及频次

pH 值、干样水分、湿样水分、有机质、全磷、全氮、总铬、汞、硒、砷、锰、铅、铜、锌、镉共 15 项，采样 1 次。监测分析方法依据《土壤环境质量标准》和《土壤和水系沉积物》规定的方法进行监测采样和分析。

3.3.3.3　监测结果及评价

监测结果见表 3.3-17。钦江西断面（大榄江）的底泥污染物含量基本比青年水闸处高，其中全氮含量、全磷、有机质含量分别为 585 mg/kg、678 mg/kg、23.4 g/kg，分别比上游青年水闸高 353 mg/kg、223 mg/kg 和 12.4 g/kg，说明大榄江淤积严重。

表 3.3-17　2016 年河流底泥现状监测数据统计

点位名称	pH 值	全氮含量/$(mg \cdot kg^{-1})$	全磷含量/$(mg \cdot kg^{-1})$	有机质含量/$(g \cdot kg^{-1})$	总铬含量/$(mg \cdot kg^{-1})$	汞含量/$(mg \cdot kg^{-1})$	砷含量/$(mg \cdot kg^{-1})$
青年水闸	6.88	232	455	11.0	36.4	0.084	
钦江西断面	6.96	585	678	23.4	61.6	0.089	

点位名称	硒含量/$(mg \cdot kg^{-1})$	铅含量/$(mg \cdot kg^{-1})$	铜含量/$(mg \cdot kg^{-1})$	锌含量/$(mg \cdot kg^{-1})$	锰含量/$(mg \cdot kg^{-1})$	镉含量/$(mg \cdot kg^{-1})$	
青年水闸	9.09	0.22	23.1	12.2	27.7	640	0.16
钦江西断面	10.8	0.48	36.7	21.6	47.1	269	0.40

参考文献

邓富亮，金陶陶，马乐宽，等，2016. 面向"十三五"流域水环境管理的控制单元划分方法[J]. 水科学进展，27(06)：909-917.

郭纯青，王文君，代俊峰，等，2013. 广西北部湾经济区水资源合理配置与水安全保障研究[M]. 南宁：广西科学技术出版社.

黎树式，黄鹄，2018. 近50年钦江水沙变化研究[J]. 广西科学，25(04)：409-417.

钦州市地方志编纂委员会，2000. 钦州市志[M]. 南宁：广西人民出版社.

钦州市水利局，广西水文水资源钦州分局，2007. 广西钦州市水资源综合规划报告[R]. 钦州.

钦州市水利局，2012. 钦州市水功能区划[R]. 钦州.

钦州市统计局，2016. 钦州统计年鉴[M]. 南宁：广西人民出版社.

谭庆梅，2009. 钦江流域水污染状况与水环境保护[J]. 广西水利水电，(01)：49-51+84.

王涛，张萌，张柱，等，2012. 基于控制单元的水环境容量核算研究——以锦江流域为例[J]. 长江流域资源与环境，21(03)：283-287.

第4章 钦江全流域污染物排放特征

了解污染物排放特征是进行流域水环境管理的关键，通过调查和监测摸清水体污染物的类型、来源、排放状况，进而确定污染源的时空分布特征，为基于水质管理目标的流域环境容量计算和总量分配、污染物削减提供依据。钦江流域的水体污染物主要为有机物和营养盐，本章选取化学需氧量、氨氮、总氮和总磷4种污染物指标，对钦江流域的污染源排放负荷进行计算。污染源按点源和面源进行分类，点源包含未进入污水处理厂的工业园和污水处理厂、农村污水处理设施、规模化养殖场、城镇生活源（闵庆文等，2012；李响等，2014）；面源包含农村生活污染源（不包含农村生活污水处理设施）、散养畜禽养殖、种植业和水产养殖污染源（邱斌等，2012；张敏等，2011）。基于各类污染源的调查、统计和计算，系统分析了钦江流域的点源、面源和总体的污染源污染物排放量、排放结构和时空分布特征。

4.1 钦江流域点源污染排放特征

4.1.1 工业污染源

2015年，钦江流域有废水排放入河的工业企业共23家，其中灵山县20家，钦北区1家，钦南区2家。工业源调查内容为工业企业废水排放量、废水中的化学需氧量、氨氮、总氮和总磷的排放浓度及排放量，污染源数据来源结合环境统计数据及与钦州市各级监测站的常规监测结果进行校核。污染物统计方法为按各企业排放情况计算后，再按其位置划分到控制单元。钦江流域排污入河的主要行业为制糖、食品、屠宰、制药及香料等生产行业。2015年钦江流域工业企业废水排放量为98.95万t，化学需氧量、氨氮、总磷及总氮的排放量分别为188.28 t/a、15.53 t/a、19.16 t/a及5.6 t/a。钦江流域主要工业污染物排放情况详见表4.1-1。

表 4.1-1　2015 年钦江流域各控制单元排污入河工业污染物排放情况

区（县）	控制单元		废水排放量/（万 t·a⁻¹）	污染物排放量/（t·a⁻¹）			
				化学需氧量	氨氮	总氮	总磷
灵山县	平山镇		0.15	0.40	0.01	0.10	0.02
	佛子镇（钦江）		1.83	9.15	1.98	2.27	0.49
	灵城镇（大塘河）		12.96	18.92	0.37	0.45	0.08
	灵城镇（灵山河）		4.42	3.86	0.74	0.93	0.19
	新圩镇（见田岭江）		0	0	0	0	0
	新圩镇（钦江）		0.80	4.00	0.87	0.99	0.22
	檀圩镇（钦江）		11.82	31.10	0.99	1.13	0.22
	烟墩镇（那隆水）		0.52	2.60	0.56	0.64	0.14
	那隆镇（钦江）		1.48	3.71	0.40	0.47	0.02
	那隆镇（太平河）		0	0	0	0	0
	旧州镇（旧州江）		0.75	3.30	0.52	0.60	0.13
	旧州镇（新坪江）		0	0	0	0	0
	三隆镇（钦江）		0.63	1.89	0.40	0.45	0.10
	三隆镇（太平河）		0	0	0	0	0
	陆屋镇（丁屋江）		0	0	0	0	0
	陆屋镇（新坪江）		20.19	33.87	2.26	2.86	0.39
	陆屋镇（旧州江）		6.83	4.79	1.63	1.69	1.39
	小计		62.37	117.59	10.71	12.58	3.40
钦北区	青塘镇（青塘河）		0	0	0	0	0
	平吉镇（钦江）		0	0	0	0	0
	平吉镇（吉隆水库下游）		0	0	0	0	0
	平吉镇（三踏水）		13.21	28.40	2.28	3.41	0.06
	钦北区城区（钦江）		0	0	0	0	0
	小计		13.21	28.40	2.28	3.41	0.06
钦南区	久隆镇（大风江）		0	0	0	0	0
	久隆镇（钦江）		0	0	0	0	0
	沙埠镇（大风江）		0	0	0	0	0
	重点区域	水东街道	13.20	35.06	0.05	0.58	0.02
		向阳街道	0	0	0	0	0
		文峰街道	0	0	0	0	0
		南珠街道	0	0	0	0	0
		沙埠镇（钦江）	10.17	7.23	2.48	2.58	2.12
		尖山镇	0	0	0	0	0
		康熙岭镇	0	0	0	0	0
		小计	23.37	42.29	2.53	3.16	2.14
	小计		23.37	42.29	2.53	3.16	2.14
流域合计			98.96	188.28	15.52	19.15	5.6

4.1.2 污水处理厂和农村污水处理设施污染物排放情况

2015 年钦江流域已建成的污水处理厂 5 座，分别为钦州市的河西污水处理厂、河东污水处理厂、钦北区平吉镇污水处理厂、灵山县城污水处理厂和陆屋镇污水处理厂（其中，平吉镇污水处理厂未正式投入运营）。另外，灵山县建设了 39 座农村污水处理设施。钦江流域污水处理厂排污调查主要以 2015 年环境统计数据为基础，以钦州市监测站、灵山县环境监测站的监测报告和本研究现状监测结果进行校核。调查按各污水处理厂及设施排放情况统计后，再按其位置划分到所属控制单元。2015 年，钦江流域污水处理厂废水排放量为 3 986.95 万 t/a，化学需氧量、氨氮、总磷及总氮的排放量分别为 854.66 t/a、168.38 t/a、481.01 t/a 及 56.83 t/a。各污水处理厂和农村污水处理设施污染物排放情况具体见表 4.1-2。

表 4.1-2　钦江流域各控制单元污水处理厂和农村污水处理设施污染物排放情况

区(县)	控制单元	废水排放量/ (万 t·a⁻¹)	污染物排放量/(t·a⁻¹)			
			化学需氧量	氨氮	总氮	总磷
灵山县	平山镇	11.72	7.03	1.76	2.34	0.18
	佛子镇(钦江)	23.12	13.86	3.47	4.62	0.35
	灵城镇(大塘河)	8.88	5.33	1.33	1.78	0.13
	灵城镇(灵山河)	1 034.13	240.48	31.88	52.73	8.64
	新圩镇(见田岭江)	19.17	11.51	2.88	3.83	0.29
	新圩镇(钦江)	15.55	9.33	2.34	3.11	0.23
	檀圩镇(钦江)	1.65	0.99	0.25	0.33	0.02
	烟墩镇(那隆水)	1.10	0.66	0.16	0.22	0.02
	那隆镇(钦江)	0	0	0	0	0
	那隆镇(太平河)	11.50	6.90	1.73	2.30	0.17
	旧州镇(旧州江)	0	0	0	0	0
	旧州镇(新坪江)	0	0	0	0	0
	三隆镇(钦江)	0	0	0	0	0
	三隆镇(太平河)	0	0	0	0	0
	陆屋镇(丁屋江)	0	0	0	0	0
	陆屋镇(新坪江)	83.81	35.20	0.25	12.49	1.73
	陆屋镇(旧州江)	0.00	0.00	0.00	0.00	0.00
	小计	1 210.63	331.28	46.03	83.75	11.76

区(县)	控制单元		废水排放量/ (万 t·a⁻¹)	污染物排放量/(t·a⁻¹)			
				化学需氧量	氨氮	总氮	总磷
钦北区	青塘镇(青塘河)		0	0	0	0	0
	平吉镇(钦江)		0	0	0	0	0
	平吉镇(吉隆水库下游)		0	0	0	0	0
	平吉镇(三踏水)		0	0	0	0	0
	钦北区城区(钦江)		0	0	0	0	0
	小计		0	0	0	0	0
钦南区		久隆镇(大风江)	0	0	0	0	0
		久隆镇(钦江)	0	0	0	0	0
		沙埠镇(大风江)	0	0	0	0	0
	重点区域	水东街道	0	0	0	0	0
		向阳街道	0	0	0	0	0
		文峰街道	2 367.30	449.76	110.08	307.69	37.87
		南珠街道	0	0	0	0	0
		沙埠镇(钦江)	409.00	73.62	12.27	89.57	7.20
		尖山镇	0	0	0	0	0
		康熙岭镇	0	0	0	0	0
		小计	2 776.30	523.38	122.35	397.26	45.07
	小计		2 776.30	523.38	122.35	397.26	45.07
流域合计			3 986.93	854.66	168.38	481.01	56.83

4.1.3 城镇生活污染源

本节计算的城镇生活污染源指的是未纳入城镇污水处理厂处理的城镇居民生活污水。城镇人口数量以钦州市统计局、灵山县统计局提供资料以及人口普查数据为依据。污水和污染物排放量按《第一次全国污染源普查城镇生活源产排污系数手册》的相关系数进行核算，具体排污系数详见表4.1-3。同时，根据各城镇与钦江的距离情况考虑，入河系数定为0.8~1.0。如其城镇已有城市污水处理厂集中处理污水的，则扣除已进入城镇污水厂的削减量，得到城镇生活污水污染物排放量。按各乡镇、街道人数情况统计后，再按各控制单元的城镇居民用地比例划分到所属控制单元。

表 4.1-3 城镇生活源污染物排放系数[单位：g/(人·d)(标注项除外)]

城市名称	排污系数					
	建筑物排污系统	污水排放量/ [L·(人·d)⁻¹]	化学需氧量	氨氮	总氮	总磷
钦州市	直排	153	64	7.9	11.0	0.84
	化粪池	153	55	7.7	9.7	0.74

注：钦州市属"4 类"城市。

2015 年钦江流域城镇总人口约 53.35 万人，其中灵山县约 21.72 万人、钦北区约 3.61 万人，钦南区约 28.02 万人。流域城镇生活污水排放量约为 1 363.73 万 t/a，污水中的化学需氧量、氨氮、总氮以及总磷的排放量分别为 4 902.30 t/a、594.50 t/a、1 002.20 t/a 和 57.95 t/a。详见表 4.1-4。

表 4.1-4 2015 年钦江流域各控制单元城镇生活污染源调查结果统计

区(县)	控制单元	废水排放量/ (万 t·a⁻¹)	污染物排放量/(t·a⁻¹)			
			化学需氧量	氨氮	总氮	总磷
灵山县	平山镇	14.72	52.90	7.41	9.33	0.71
	佛子镇(钦江)	29.65	106.60	14.92	18.80	1.43
	灵城镇(大塘河)	24.36	87.55	17.95	34.65	1.19
	灵城镇(灵山河)	57.40	206.35	42.30	81.66	2.81
	新圩镇(见田岭江)	27.80	99.95	13.99	17.63	1.34
	新圩镇(钦江)	33.80	121.51	17.01	21.43	1.63
	檀圩镇(钦江)	90.54	325.49	45.57	57.40	4.38
	烟墩镇(那隆水)	46.02	165.43	23.16	29.18	2.23
	那隆镇(钦江)	27.96	100.51	14.07	17.73	1.35
	那隆镇(太平河)	8.41	30.23	4.23	5.33	0.41
	旧州镇(旧州江)	21.52	77.37	10.83	13.65	1.04
	旧州镇(新坪江)	7.97	28.65	4.01	5.05	0.39
	三隆镇(钦江)	37.24	133.86	18.74	23.61	1.80
	三隆镇(太平河)	1.91	6.87	0.96	1.21	0.09
	陆屋镇(丁屋江)	22.83	82.07	11.04	15.89	1.26
	陆屋镇(新坪江)	10.58	38.04	5.12	7.36	0.59
	陆屋镇(旧州江)	63.18	227.13	30.55	43.96	3.50
	小计	525.89	1 890.51	281.86	403.87	26.15

区(县)	控制单元		废水排放量/ (万 t·a⁻¹)	污染物排放量/(t·a⁻¹)			
				化学需氧量	氨氮	总氮	总磷
钦北区	青塘镇(青塘河)		23.92	85.98	12.04	15.16	1.16
	平吉镇(钦江)		33.82	121.59	17.02	21.44	1.64
	平吉镇(吉隆水库下游)		11.95	42.96	6.01	7.58	0.58
	平吉镇(三踏水)		14.54	52.26	7.32	9.22	0.70
	钦北区城区(钦江)		97.07	348.96	48.85	61.54	4.70
	小计		181.3	651.75	91.24	114.94	8.78
钦南区	久隆镇(大风江)		2.57	9.25	1.30	1.63	0.12
	久隆镇(钦江)		4.99	17.94	2.51	3.16	0.24
	沙埠镇(大风江)		5.07	18.22	2.55	3.21	0.25
	重点区域	水东街道	98.30	353.38	30.08	74.27	3.20
		向阳街道	137.65	494.81	42.11	104.00	4.48
		文峰街道	120.57	433.43	36.89	91.10	3.93
		南珠街道	196.00	704.58	59.97	148.09	6.38
		沙埠镇(钦江)	23.09	83.00	11.62	14.64	1.12
		尖山镇	38.43	138.16	19.34	24.37	1.86
		康熙岭镇	29.84	107.28	15.02	18.92	1.44
		小计	643.88	2 314.64	215.03	475.39	22.41
	小计		656.51	2 360.05	221.39	483.39	23.02
流域合计			1 363.73	4 902.31	594.49	1 002.20	57.95

4.1.4　规模化畜禽养殖污染源

根据不同的动物种类、饲养阶段、排污系数核算 2015 年流域内的畜禽养殖业的化学需氧量、氨氮、总氮、总磷污染物的排放量。畜禽养殖相关数据来源于钦州市水产畜牧局 2015 年的统计数据。污染物计算按各乡镇情况统计后，再按其位置划分到所属控制单元。排污系数来源于《第一次全国污染源普查畜禽养殖业源产排污系数手册》，具体见表 4.1-5，并结合养殖场采取的环保措施和其与钦江的距离情况考虑，入河系数定为 0.5~0.8。畜禽养殖业污染物的排放量计算公式如下：

$$W_{排放} = \sum_{i=1}^{m} \sum_{j=1}^{n} E_{sij} \times L_{sij} \times P_{sij} \times 10^{-3}$$

式中：i——饲养阶段；

j——动物种类；

E_{sij}——某种饲养阶段的某种动物存栏量，头；

L_{sij}——某种饲养阶段的某种动物的生长周期，d；

P_{sij}——某种饲养阶段的某种动物排污系数，g/(头·d)。

表 4.1-5　规模化畜禽养殖排污系数

养殖类型	动物种类	饲养阶段	参考体重/kg	单位	干清粪				水冲清粪			
					化学需氧量	氨氮	全氮	全磷	化学需氧量	氨氮	全氮	全磷
养殖场	生猪	保育	21	g/(头·d)	19.17	1.05	2.11	0.27	53.58	1.05	4.08	0.6
		育肥	71	g/(头·d)	47.09	3.89	5.56	0.43	166.97	3.89	10.3	1.28
	牛	肉牛	431	g/(头·d)	141.15	0.91	26.21	2.02	931.2	0.91	34.9	3.91
	蛋鸡	育雏育成	1.3	g/(只·d)	0.59	0.02	0.03	0.02	4.78	0.081	0.27	0.08
		产蛋	1.8	g/(只·d)	0.17	0.005	0.01	0.005	4.47	0.09	0.3	0.07
	肉鸡	商品肉鸡	0.6	g/(只·d)	5.71	0.04	0.08	0.01	10.41	0.066	0.22	0.04
养殖小区	生猪	保育	21	g/(头·d)	34.91	1.8	3.36	0.5	88.74	1.8	6.36	1.1
		育肥	71	g/(头·d)	98.09	5.65	8.59	0.95	259.09	5.65	13.79	2.55
	牛	肉牛	431	g/(头·d)	138.27	0.89	25.61	1.98	912.27	0.89	34.1	3.82
	蛋鸡	育雏育成	1.3	g/(只·d)	0.82	0.02	0.04	0.02	6.7	0.108	0.36	0.11
		产蛋	1.8	g/(只·d)	0.23	0.005	0.01	0.01	6.65	0.123	0.41	0.09
	肉鸡	商品肉鸡	0.6	g/(只·d)	3	0.02	0.1	0.02	6.73	0.087	0.29	0.03

钦江流域规模化畜禽养殖量以猪和肉鸡为主。2015 年养殖畜禽猪年存栏量约为 5.69 万头，年出栏量约为 12.64 万头；肉鸡年存栏量约为 64 万只，年出栏量约为 317.52 万只；蛋鸡年存栏量约为 52.43 万只，年出栏量约为 5.03 万只；肉鸭年存栏量约为 4.74 万只，年出栏量约为 25.7 万只；蛋鸭年存栏量约为 52.43 万只，年出栏量约为 5.03 万只；奶牛年存栏量约为 1 427 头，年出栏量约为 199 头；羊年存栏量约为 801 只，年出栏量约为 581 只。对规模化畜禽养殖污染源的调查结果统计情况见表 4.1-6，钦江流域规模化养殖污染物排放量约为化学需氧量 2 811.77 t/a，氨氮 65.94 t/a，总氮 147.43 t/a，总磷 16.13 t/a。

表 4.1-6　2015 年钦江流域各控制单元畜禽规模化养殖场污染物排放情况

区(县)	控制单元		污染物排放量/(t·a⁻¹)			
			化学需氧量	氨氮	总氮	总磷
灵山县	平山镇		56.37	1.56	3.71	0.44
	佛子镇(钦江)		57.06	1.78	3.94	0.54
	灵城镇(大塘河)		52.15	0.44	1.20	0.14
	灵城镇(灵山河)		431.15	12.98	26.76	2.44
	新圩镇(见田岭江)		128.05	2.04	5.04	0.59
	新圩镇(钦江)		408.99	3.36	9.85	1.19
	檀圩镇(钦江)		20.10	0.73	1.49	0.16
	烟墩镇(那隆水)		5.75	0.21	0.43	0.05
	那隆镇(钦江)		29.68	1.08	2.20	0.24
	那隆镇(太平河)		14.47	0.05	0.20	0.03
	旧州镇(旧州江)		160.35	2.29	6.41	0.80
	旧州镇(新坪江)		13.40	0.44	0.95	0.11
	三隆镇(钦江)		35.64	1.12	2.47	0.28
	三隆镇(太平河)		21.09	0.49	1.30	0.16
	陆屋镇(丁屋江)		82.27	1.72	3.84	0.42
	陆屋镇(新坪江)		18.40	0.01	0.26	0.03
	陆屋镇(旧州江)		353.80	4.22	12.83	1.38
	小计		1 888.73	34.52	82.88	8.99
钦北区	青塘镇(青塘河)		21.34	0.77	1.58	0.17
	平吉镇(钦江)		0.96	0.02	0.06	0.03
	平吉镇(吉隆水库下游)		0.00	0.00	0.00	0.00
	平吉镇(三踏水)		0.00	0.00	0.00	0.00
	钦北区城区(钦江)		0.00	0.00	0.00	0.00
	小计		22.29	0.80	1.64	0.20
钦南区	久隆镇(大风江)		190.52	4.81	10.29	1.26
	久隆镇(钦江)		0.00	0.00	0.00	0.00
	沙埠镇(大风江)		598.34	21.75	44.33	4.78
	重点区域	水东街道	0.00	0.00	0.00	0.00
		向阳街道	0.00	0.00	0.00	0.00
		文峰街道	0.00	0.00	0.00	0.00
		南珠街道	0.00	0.00	0.00	0.00
		沙埠镇(钦江)	90.66	3.30	6.72	0.72
		尖山镇	16.09	0.58	1.19	0.13
		康熙岭镇	5.12	0.19	0.38	0.04
		小计	111.87	4.07	8.29	0.89
	小计		900.74	30.62	62.91	6.94
流域合计			2 811.76	65.94	147.43	16.13

4.1.5 点源排放量汇总

对钦江流域工业、城镇生活源、规模化养殖污染源等点源污染物排放情况进行统计，结果见表4.1-7。钦江流域点源污染物化学需氧量排放量为8 757.01 t/a，氨氮排放量为844.33 t/a，总氮排放量为1 649.79 t/a，总磷排放量为136.51 t/a。从整个流域来看，点源污染物主要来源于城镇生活污染源，其次是规模化养殖污染源。从流域内各区县上看，灵山县的点源污染物排放总量较大，占流域内总量的46.0%；其次是钦南区，占比为45.9%，钦北区占比为8.1%。其中，重点区域占比为37.7%。具体见表4.1-8和图4.1-1。主要污染物各区(县)的排放总量见图4.1-2和图4.1-3。

表 4.1-7 钦江流域点源污染物排放量

污染源类型	污染物排放量/(t·a⁻¹)				合计
	化学需氧量	氨氮	总氮	总磷	
工业污染源	188.28	15.52	19.15	5.6	228.55
城镇生活污染源	4 902.31	594.49	1 002.2	57.95	6 556.95
污水处理厂*	854.66	168.38	481.01	56.83	1 560.88
规模化养殖污染源	2 811.76	65.94	147.43	16.13	3 041.26
合计	8 757.01	844.33	1 649.79	136.51	11 387.64

* 含农村污水处理设施有关统计，后同。

表 4.1-8 钦江流域各区(县)点源污染物排放量

污染源类型	污染物排放量/(t·a⁻¹)				合计
	化学需氧量	氨氮	总氮	总磷	
灵山县	4 228.11	373.12	583.08	50.3	5 234.61
钦北区	702.44	94.32	119.99	9.04	925.79
钦南区	3 826.46	376.89	946.72	77.17	5 227.24
合计	8 757.01	844.33	1 649.79	136.51	11 387.64
重点控制区	2 992.18	343.98	884.1	70.51	4 290.77

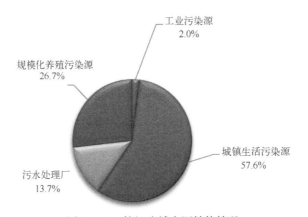

图 4.1-1 钦江流域点源结构情况

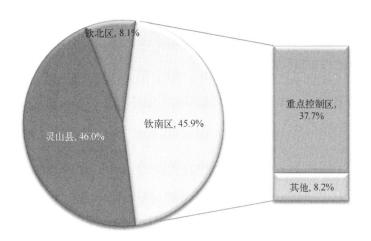

图 4.1-2　各区(县)点源总排放量占比

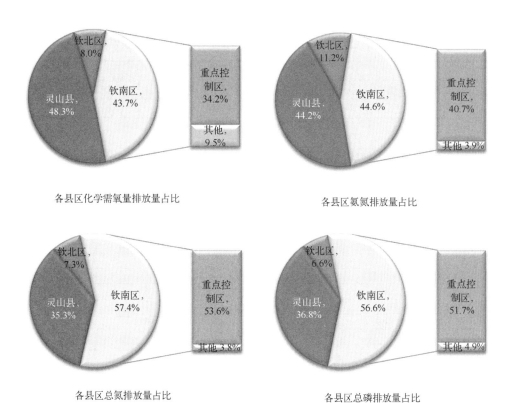

各县区化学需氧量排放量占比

各县区氨氮排放量占比

各县区总氮排放量占比

各县区总磷排放量占比

图 4.1-3　钦江流域点源各类污染物排放情况

4.2 钦江流域面源污染调查

4.2.1 农村生活污染源

根据各乡镇农村人口数量和污水排放系数计算农村生活污水排放量。生活污染物排放量采用人均综合产污系数法计算。统计流域范围内的乡镇、街道的农村人口数、未进入污水处理设施的污水和污染物排放量。各乡镇中已建有农村污水处理设施的，则扣除纳入农村污水处理设施的纳污量。农村人口数来源于钦州市和灵山县统计部门的统计数据。污染物计算按各乡镇、街道人数情况统计后，再按各控制单元的农业人口和耕地面积比例划分到所属控制单元。污水和污染物产排系数按表4.2-1进行核算，并考虑各乡镇具体情况，入河系数定为0.1~0.3。农村生活污染源调查统计结果见表4.2-2。钦江流域农村生活污水排放量为1 745万 t/a。生活污水主要污染物化学需氧量、氨氮、总氮和总磷的排放量分别为3 722.67 t/a、442.07 t/a、1 233.13 t/a和47.70 t/a。

表4.2-1　农村生活源污染物产排系数[单位：g/(人·d)(标注项除外)]

城市名称	排污系数				
	污水排放量/[L·(人·d)⁻¹]	化学需氧量	氨氮	总氮	总磷
钦州市	150	32	3.8	10.6	0.41

表4.2-2　2015年钦江流域各控制单元农村生活污染物排放量统计

区(县)	控制单元	废水排放量/(万 t·a⁻¹)	污染物排放量/(t·a⁻¹)			
			化学需氧量	氨氮	总氮	总磷
灵山县	平山镇	23.03	49.12	5.83	16.27	0.63
	佛子镇(钦江)	68.40	145.93	17.33	48.34	1.87
	灵城镇(大塘河)	72.96	155.65	18.48	51.56	1.99
	灵城镇(灵山河)	44.26	94.43	11.21	31.28	1.21
	新圩镇(见田岭江)	57.37	122.40	14.53	40.54	1.57
	新圩镇(钦江)	56.30	120.11	14.26	39.78	1.54
	檀圩镇(钦江)	116.08	247.64	29.41	82.03	3.17
	烟墩镇(那隆水)	90.60	193.27	22.95	64.02	2.48
	那隆镇(钦江)	101.54	216.61	25.72	71.75	2.78
	那隆镇(太平河)	27.88	59.48	7.06	19.70	0.76
	旧州镇(旧州江)	99.25	211.73	25.14	70.14	2.71
	旧州镇(新坪江)	25.64	54.70	6.50	18.12	0.70
	三隆镇(钦江)	72.36	154.37	18.33	51.13	1.98
	三隆镇(太平河)	8.72	18.61	2.21	6.16	0.24
	陆屋镇(丁屋江)	41.79	89.16	10.59	29.53	1.14
	陆屋镇(新坪江)	13.59	28.99	3.44	9.60	0.37
	陆屋镇(旧州江)	52.87	112.79	13.39	37.36	1.45
	小计	972.65	2 074.99	246.40	687.34	26.59

区(县)	控制单元		废水排放量/ (万 t·a⁻¹)	污染物排放量/(t·a⁻¹)			
				化学需氧量	氨氮	总氮	总磷
钦北区	青塘镇(青塘河)		53.70	114.56	13.60	37.95	1.47
	平吉镇(钦江)		88.04	187.83	22.30	62.22	2.41
	平吉镇(吉隆水库下游)		34.86	74.37	8.83	24.63	0.95
	平吉镇(三踏水)		39.70	84.70	10.06	28.06	1.09
	钦北区城区(钦江)		19.97	42.60	5.06	14.11	0.55
	小计		236.28	504.06	59.86	166.97	6.46
钦南区		久隆镇(大风江)	29.13	62.14	7.38	20.59	0.80
		久隆镇(钦江)	20.38	43.48	5.16	14.40	0.56
		沙埠镇(大风江)	47.43	101.18	12.02	33.52	1.30
	重点区域	水东街道	44.08	94.04	11.17	31.15	1.20
		向阳街道	61.72	131.67	15.64	43.62	1.69
		文峰街道	54.05	115.30	13.69	38.19	1.48
		南珠街道	87.88	187.48	22.26	62.10	2.40
		沙埠镇(钦江)	58.84	125.53	14.91	41.58	1.61
		尖山镇	57.58	122.84	14.59	40.69	1.57
		康熙岭镇	74.98	159.96	18.99	52.99	2.05
		小计	439.13	936.82	111.25	310.32	12
	小计		536.07	1 143.63	135.81	378.83	14.65
流域合计			1 745.00	3 722.68	442.07	1 233.13	47.70

注：排放量已扣除农村污水处理设施收纳量。

4.2.2　散养式畜禽养殖污染源

该类污染物排污系数主要依据《第一次全国污染源普查畜禽养殖业源产排污系数手册》，具体见表 4.2-3。鉴于《第一次全国污染源普查畜禽养殖业源产排污系数手册》中无羊和鸭、鹅的排污系数，故根据《畜禽养殖业污染物排放标准》的折算比例，将羊折算成猪再进行产排污情况计算，换算比例为：3 只羊折算成 1 头猪，折算之后仍按照羊的品种来计算生长周期；将 1 只鸭折算成 2 只肉鸡，1 只鹅折算成 4 只肉鸡进行污染物排放量计算，折成之后仍按照原有品种来计算生长周期。散养畜禽排污实际入河量较小，计算排放量后，考虑入河系数为 0.1~0.3。畜禽养殖数据来源于钦州市水产畜牧兽医局 2015 年的统计数据，污染物计算按各乡镇、区(县)情况统计后，再按各控制单元的农业用地比例划分到所属控制单元。散养式畜禽养殖生产污染源调查统计结果见表 4.2-4。钦江流域农村散养式畜禽养殖生产污染源化学需氧量排放量为 3 945.25 t/a，氨氮的排放量为 145.59 t/a，总氮的排放量为 371.91 t/a，总磷的排放量为 66.99 t/a。

表 4.2-3　散养式畜禽养殖污染物排污系数表

养殖类型	动物种类	饲养阶段	参考体重/kg	单位	干清粪				水冲清粪			
					化学需氧量	氨氮	全氮	全磷	化学需氧量	氨氮	全氮	全磷
养殖场	生猪	保育	21	g/(头·d)	23.41	2.09	2.63	0.4	112.24	2.09	5.9	1.81
		育肥	71	g/(头·d)	92.94	6.56	9.03	1.18	336.36	6.56	16.2	3.65
	牛	肉牛	431	g/(头·d)	143.69	0.99	32.91	1.61	953.4	0.99	43.48	5.12
	蛋鸡	育雏育成	1.3	g/(只·d)	0.05	0	0	0	3.88	0.051	0.17	0.02
		产蛋	1.8	g/(只·d)	0.2	0.005	0.02	0.08	3.04	0.057	0.19	0.09
	肉鸡	商品肉鸡	0.6	g/(只·d)	1.68	0.01	0.06	0.04	8.31	0.081	0.27	0.04

表 4.2-4　2015 年钦江流域各控制单元散养式畜禽养殖污染物排放量统计

区（县）	控制单元	污染物排放量/(t·a⁻¹)			
		化学需氧量	氨氮	总氮	总磷
灵山县	平山镇	36.23	1.78	4.29	0.55
	佛子镇（钦江）	206.50	7.66	29.20	3.36
	灵城镇（大塘河）	138.20	5.07	12.60	2.36
	灵城镇（灵山河）	83.84	3.08	7.64	1.43
	新圩镇（见田岭江）	100.23	3.28	10.33	1.74
	新圩镇（钦江）	98.36	3.22	10.14	1.71
	檀圩镇（钦江）	209.68	7.56	20.22	3.42
	烟墩镇（那隆水）	154.23	6.39	17.85	2.29
	那隆镇（钦江）	164.92	5.98	15.22	2.76
	那隆镇（太平河）	45.28	1.64	4.18	0.76
	旧州镇（旧州江）	147.35	5.49	13.67	2.42
	旧州镇（新坪江）	38.07	1.42	3.53	0.63
	三隆镇（钦江）	163.42	5.44	19.87	2.62
	三隆镇（太平河）	19.70	0.66	2.40	0.32
	陆屋镇（丁屋江）	123.98	4.20	12.19	2.04
	陆屋镇（新坪江）	40.31	1.37	3.96	0.66
	陆屋镇（旧州江）	156.85	5.31	15.42	2.58
	小计	1 927.15	69.55	202.71	31.65

区(县)	控制单元		污染物排放量/(t·a⁻¹)			
			化学需氧量	氨氮	总氮	总磷
钦北区	青塘镇(青塘河)		260.35	3.83	18.51	5.51
	平吉镇(钦江)		262.48	7.67	26.60	4.80
	平吉镇(吉隆水库下游)		103.93	3.04	10.53	1.90
	平吉镇(三踏水)		118.37	3.46	11.99	2.17
	钦北区城区(钦江)		82.61	5.40	4.31	1.11
	小计		827.74	23.4	71.94	15.49
钦南区	久隆镇(大风江)		174.42	7.38	14.57	2.83
	久隆镇(钦江)		122.05	5.16	10.19	1.98
	沙埠镇(大风江)		195.97	7.09	18.26	3.61
	重点区域	水东街道	92.25	6.03	4.82	1.24
		向阳街道	11.31	0.74	0.59	0.15
		文峰街道	44.23	2.89	2.31	0.59
		南珠街道	44.96	2.94	2.35	0.60
		沙埠镇(钦江)	243.12	8.79	22.66	4.48
		尖山镇	118.63	6.34	9.28	1.78
		康熙岭镇	143.42	5.28	12.23	2.59
		小计	697.92	33.01	54.24	11.43
	小计		1 190.36	52.64	97.26	19.85
流域合计			3 945.25	145.59	371.91	66.99

注：钦北区、钦南区及各街道散养统计按耕地面积比例划分。

4.2.3 种植业污染源

按不同的土地利用方式及其肥料流失系数核算种植业化学需氧量、氨氮、总氮和总磷排污量(见表4.2-5)。种植面积来源于钦州市和灵山县农业部门提供的统计数据，污染物计算按各乡镇、区(县)情况统计后，再按各控制单元的耕地面积比例划分到所属控制单元。

种植业污染物的产生量计算公式为

$$w_{产生} = \sum A_{fi} \times \varphi_{fi}$$

式中：i——土地利用方式；

A_{fi}——为某土地利用方式的土地面积，亩①；

φ_{fi}——某土地利用方式肥料流失系数，kg/亩。具体见表4.2-5。

种植业污染物的排放量计算公式为

$$W_{排放} = W_{产生} \times \eta$$

---

① 1亩约为666.7平方米。——编者注

式中：η 为种植业污染物的排放系数，取值在 0.2~0.3。

表 4.2-5　研究区不同土地利用方式肥料流失（kg/亩）系数：

分区	土地利用方式	化学需氧量	氨氮	总氮	总磷
南方山地丘陵区	旱地	1.496	0.048	0.565	0.052
	水田	1.314	0.124	1.003	0.045
	园地	1.496	0.231	0.491	0.234
	保护地	1.496	0.099	1.410	0.021

钦江流域种植业污染源调查统计结果见表 4.2-6。钦江流域种植业生产污染源化学需氧量的排放量为 424.03 t/a，氨氮的排放量为 40.94 t/a，总氮的排放量为 220.86 t/a，总磷的排放量为 31.01 t/a。

表 4.2-6　钦江流域各控制单元种植业污染物排放量

区（县）	控制单元	污染物排放量/(t·a⁻¹)			
		化学需氧量	氨氮	总氮	总磷
灵山县	平山镇	9.45	1.20	4.28	1.06
	佛子镇（钦江）	20.94	2.48	10.72	1.99
	灵城镇（大塘河）	23.33	2.76	11.59	2.27
	灵城镇（灵山河）	14.16	1.68	7.03	1.38
	新圩镇（见田岭江）	16.19	1.93	8.36	1.54
	新圩镇（钦江）	15.89	1.89	8.21	1.51
	檀圩镇（钦江）	18.15	1.46	12.25	0.63
	烟墩镇（那隆水）	29.76	3.59	14.04	3.07
	那隆镇（钦江）	18.98	2.12	9.73	1.68
	那隆镇（太平河）	5.21	0.58	2.67	0.46
	旧州镇（旧州江）	25.57	3.01	11.48	2.66
	旧州镇（新坪江）	6.61	0.78	2.97	0.69
	三隆镇（钦江）	25.12	2.24	14.18	1.50
	三隆镇（太平河）	3.03	0.27	1.71	0.18
	陆屋镇（丁屋江）	23.23	2.12	11.55	1.67
	陆屋镇（新坪江）	7.55	0.69	3.76	0.54
	陆屋镇（旧州江）	29.39	2.68	14.61	2.11
	小计	292.57	31.49	149.13	24.92
钦北区	青塘镇（青塘河）	12.34	1.08	6.05	0.85
	平吉镇（钦江）	21.77	1.30	11.79	0.78
	平吉镇（吉隆水库下游）	8.62	0.52	4.67	0.31
	平吉镇（三踏水）	9.82	0.59	5.32	0.35
	钦北区城区（钦江）	0.00	0.00	0.00	0.00
	小计	52.55	3.48	27.82	2.29

区(县)	控制单元		污染物排放量/(t·a⁻¹)			
			化学需氧量	氨氮	总氮	总磷
钦南区		久隆镇(大风江)	19.06	1.16	9.47	0.83
		久隆镇(钦江)	13.34	0.81	6.62	0.58
		沙埠镇(大风江)	8.01	0.69	4.21	0.50
	重点区域	水东街道	1.75	0.18	0.88	0.15
		向阳街道	0.23	0.02	0.09	0.02
		文峰街道	0.75	0.07	0.48	0.04
		南珠街道	1.97	0.22	0.99	0.18
		沙埠镇(钦江)	9.93	0.86	5.23	0.62
		尖山镇	6.88	0.57	4.78	0.24
		康熙岭镇	17.00	1.38	11.16	0.65
		小计	59.86	4.8	34.44	2.98
	小计		78.91	5.97	43.91	3.80
流域合计			424.03	40.94	220.86	31.01

4.2.4　水产养殖业污染物调查

按不同的养殖品种、养殖模式、养殖投放量及养殖产量核算 2015 年流域内的水产养殖业的污染物排放量。水产养殖数据来源于钦州市水产畜牧兽医部门的 2015 年的统计数据。相关淡水养殖鱼类排污系数具体见表 4.2-7,养殖虾类排污系数见表 4.2-8,淡水养殖无氨氮排污系数。污染物计算按各乡镇、区(县)情况统计后,再按各控制单元的水产养殖面积比例划分到所属控制单元。

水产养殖业污染物的排放量计算公式如下:

$$w_{排放} = \sum_{i=1}^{n} \sum (O_{mij} - I_{mij}) \times p_{mij} \times 10^{-3} \quad (j = 1, 2)$$

式中:i——养殖品种;

j——养殖模式,分池塘养殖和网箱养殖;

O_{mij}——某种养殖模式的某种养殖品种的产量,kg/a;

I_{mij}——某种养殖模式的某种养殖品种的投放量,kg/a;

P_{mij}——某种养殖模式的某种养殖品种的污染物排放系数,g/kg。

表 4.2-7　池塘淡水养殖鱼类污染物产排系数

养殖品种	排污系数/(g·kg⁻¹)			
	化学需氧量	氨氮	总氮	总磷
青鱼	7.839	—	0.527	0.097

养殖品种	排污系数/(g·kg⁻¹)			
	化学需氧量	氨氮	总氮	总磷
草鱼	16.436	—	2.762	0.643
鲢鱼	10.254	—	1.357	0.235
鳙鱼	11.207	—	2.037	0.230
鲶鱼	47.596	—	3.768	0.271
罗非鱼	71.102	—	5.026	0.666
平均值	27.406	—	2.580	0.357

表 4.2-8　淡水养殖虾类污染物产排系数

养殖品种	排污系数/(g·kg⁻¹)			
	化学需氧量	氨氮	总氮	总磷
罗氏沼虾	17.648	—	4.285	3.584
南美白对虾	34.655	—	1.311	0.106

水产养殖业污染物源调查统计结果见表 4.2-9。由表 4.2-9 可知，钦江流域水产养殖业污染物化学需氧量的排放量为 1 407.56 t/a，氨氮的排放量为 0.57 t/a，总氮的排放量为 135.13 t/a，总磷的排放量为 18.86 t/a。

表 4.2-9　2015 年钦江流域各控制单元水产养殖生产污染物排放量统计

区(县)	控制单元	污染物排放量/(t·a⁻¹)			
		化学需氧量	氨氮	总氮	总磷
灵山县	平山镇	37.01	—	3.47	0.50
	佛子镇(钦江)	33.49	—	3.15	0.44
	灵城镇(大塘河)	114.78	—	10.81	1.50
	灵城镇(灵山河)	0.00	—	0.00	0.00
	新圩镇(见田岭江)	25.87	—	2.44	0.34
	新圩镇(钦江)	0.00	—	0.00	0.00
	檀圩镇(钦江)	106.58	—	10.03	1.39
	烟墩镇(那隆水)	55.39	—	5.21	0.72
	那隆镇(钦江)	20.62	—	1.94	0.27
	那隆镇(太平河)	110.96	—	10.45	1.45
	旧州镇(旧州江)	91.32	—	8.60	1.19
	旧州镇(新坪江)	0.00	—	0.00	0.00
	三隆镇(钦江)	54.86	—	5.16	0.71
	三隆镇(太平河)	6.45	—	0.61	0.08
	陆屋镇(丁屋江)	61.95	—	5.83	0.81
	陆屋镇(新坪江)	15.94	—	1.50	0.21
	陆屋镇(旧州江)	81.23	—	7.65	1.06
	小计	816.44	—	76.85	10.65

区(县)	控制单元		污染物排放量/(t·a⁻¹)			
			化学需氧量	氨氮	总氮	总磷
钦北区	青塘镇(青塘河)		136.21	—	12.82	1.77
	平吉镇(钦江)		94.06	—	8.85	1.23
	平吉镇(吉隆水库下游)		50.68	—	4.77	0.66
	平吉镇(三踏水)		27.97	—	2.63	0.36
	钦北区城区(钦江)		4.71	—	0.44	0.06
	小计		313.63	—	29.53	4.09
钦南区		久隆镇(大风江)	41.05		3.86	0.53
		久隆镇(钦江)	0.00		0.00	0.00
		沙埠镇(大风江)	0.00		0.00	0.00
	重点区域	水东街道	2.60	—	0.25	0.03
		向阳街道	0.00	—	0.00	0.00
		文峰街道	0.00	—	0.00	0.00
		南珠街道	2.06	—	0.19	0.03
		沙埠镇(钦江)	97.55	0.19	9.68	1.38
		尖山镇	42.87	0.10	4.14	0.63
		康熙岭镇	91.35	0.27	10.63	1.51
		小计	277.48	0.56	28.75	4.11
	小计		277.48	0.57	28.76	4.12
流域合计			1 407.55	0.57	135.13	18.86

注：因淡水养殖没有氨氮产排污系数，所以淡水养殖氨氮排放量无相应数据。

4.2.5　面源排放量汇总

对农村生活污染源、散养式畜禽养殖污染源、种植业污染源、水产养殖污染源等钦江流域面源污染物排放量进行统计，具体见表4.2-10。钦州流域面源污染物化学需氧量的排放量为9 499.51 t/a，氨氮的排放量为629.17 t/a，总氮的排放量为1 961.05 t/a，总磷的排放量为164.56 t/a，各类面源污染物总排放量占比情况见图4.2-1。从整个流域来看，面源污染物主要来源于农村生活污染源和散养式畜禽养殖污染源。从流域内各区(县)上来看，灵山县的面源污染物排放总量较大，占流域内总量的54.4%，其次是钦南区，占比为28.4%，钦北区占比为17.2%。其中，重点区域占比为21.1%。具体排放量和占比分别见表4.2-11和图4.2-2。各类污染物在各区(县)排放量占比见图4.2-3。

表 4.2-10　钦江流域面源污染物排放量

污染源类型	污染物排放量/(t·a⁻¹)				合计
	化学需氧量	氨氮	总氮	总磷	
农村生活污染源	3 722.68	442.07	1 233.14	47.7	5 445.59
散养式畜禽养殖污染源	3 945.25	145.59	371.91	66.99	4 529.74
种植业污染源	424.03	40.94	220.86	31.01	716.84
水产养殖污染源	1 407.55	0.57	135.14	18.86	1 562.12
合计	9 499.51	629.17	1 961.05	164.56	12 254.29

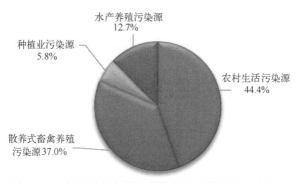

图 4.2-1　钦江流域各类面源污染物总排放量占比情况

表 4.2-11　钦江流域各区(县)面源污染物排放量

污染源类型	污染物排放量/(t·a⁻¹)				合计
	化学需氧量	氨氮	总氮	总磷	
灵山县	5 111.15	347.44	1 116.03	93.81	6 668.43
钦北区	1 697.98	86.74	296.26	28.33	2 109.31
钦南区	2 690.38	194.99	548.76	42.42	3 476.55
合计	9 499.51	629.17	1 961.05	164.56	12 254.29
重点区域	1 972.08	149.62	427.75	30.52	2 579.97

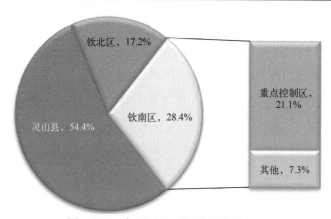

图 4.2-2　各区(县)面源总排放量占比

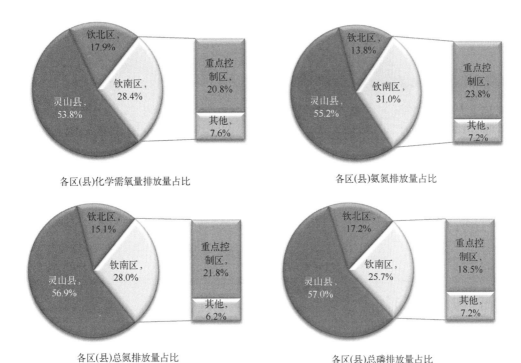

各区(县)化学需氧量排放量占比　　　　　各区(县)氨氮排放量占比

各区(县)总氮排放量占比　　　　　各区(县)总磷排放量占比

图 4.2-3　钦江流域面源各类污染物排放情况

4.3　钦江流域污染物排放特征

4.3.1　钦江流域污染物总体排放情况

从钦江流域内各区(县)上来看,灵山县污染物排放总量较大,占流域内总量的50.4%;其次是钦南区,占比为36.8%;钦北区占比为12.7%。其中,重点区域占比为29.1%,见图4.3-1。钦江流域各类污染物排放量汇总见表4.3-1。

表 4.3-1　钦江流域各区域污染物汇总

污染源类型	污染物排放量/(t·a⁻¹)				合计
	化学需氧量	氨氮	总氮	总磷	
灵山县	9 339.26	720.56	1 699.11	144.11	11 903.04
钦北区	2 400.42	181.06	416.25	37.37	3 035.10
钦南区	6 516.84	571.88	1 495.48	119.59	8 703.79
合计	18 256.52	1 473.5	3 610.84	301.07	23 641.93
重点区域	4 964.26	493.6	1 311.85	101.03	6 870.74

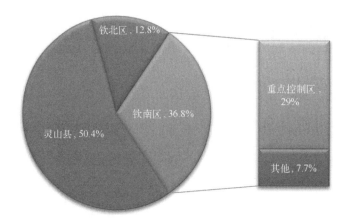

图 4.3-1　各区(县)总排放量占比

4.3.2　各区(县)污染源排放结构特征

钦江流域各污染源污染物入河量结构汇总结果见表 4.3-2。从全流域污染源结构组成来看，化学需氧量和氨氮排放量最大的污染源均为城镇生活污染源，占比分别为 26.9% 和 40.3%；总氮排放量最大的污染源为农村生活污染源，占比为 34.2%；总磷排放量最大的污染源为畜禽养殖污染源，占比为 22.3%。因此，钦江全流域主要污染来源于城镇生活源、农村生活源和畜禽养殖污染源。

表 4.3-2　钦江流域污染源汇总

区域污染源		排放量/(t·a⁻¹)				
		灵山县	钦北区	钦南区	流域合计	重点区域
化学需氧量	工业污染源	117.59	28.4	42.29	188.28	42.29
	城镇生活污染源	1 890.51	651.75	2 360.05	4 902.31	2 314.64
	污水处理厂污染源	331.28	0	523.38	854.66	523.38
	规模化养殖污染源	1 888.73	22.29	900.74	2 811.76	111.87
	点源小计	4228.11	702.44	3 826.46	8 757.01	2 992.18
	农村生活污染源	2 074.99	504.06	1 143.63	3 722.68	936.82
	散养式畜禽养殖污染源	1 927.15	827.74	1 190.36	3 945.25	697.92
	种植业污染源	292.57	52.55	78.91	424.03	59.86
	水产养殖污染源	816.44	313.63	277.48	1 407.55	277.48
	面源小计	5 111.15	1 697.98	2 690.38	9 499.51	1 972.08
	合计	9 339.26	2 400.42	6 516.84	18 256.52	4 964.26

区域污染源		排放量/(t·a⁻¹)				
		灵山县	钦北区	钦南区	流域合计	重点区域
氨氮	工业污染源	10.71	2.28	2.53	15.52	2.53
	城镇生活污染源	281.86	91.24	221.39	594.49	215.03
	污水处理厂污染源	46.03	0	122.35	168.38	122.35
	规模化养殖污染源	34.52	0.8	30.62	65.94	4.07
	点源小计	373.12	94.32	376.89	844.33	343.98
	农村生活污染源	246.4	59.86	135.81	442.07	111.25
	散养式畜禽养殖污染源	69.55	23.4	52.64	145.59	33.01
	种植业污染源	31.49	3.48	5.97	40.94	4.8
	水产养殖污染源	0	0	0.57	0.57	0.56
	面源小计	347.44	86.74	194.99	629.17	149.62
	合计	720.56	181.06	571.88	1 473.5	493.6
总氮	工业污染源	12.58	3.41	3.16	19.15	3.16
	城镇生活污染源	403.87	114.94	483.39	1 002.2	475.39
	污水处理厂污染源	83.75	0	397.26	481.01	397.26
	规模化养殖污染源	82.88	1.64	62.91	147.43	8.29
	点源小计	583.08	119.99	946.72	1 649.79	884.1
	农村生活污染源	687.34	166.97	378.83	1 233.14	310.32
	散养式畜禽养殖污染源	202.71	71.94	97.26	371.91	54.24
	种植业污染源	149.13	27.82	43.91	220.86	34.44
	水产养殖污染源	76.85	29.53	28.76	135.14	28.75
	面源小计	1 116.03	296.26	548.76	1 961.05	427.75
	合计	1 699.11	416.25	1 495.48	3 610.84	1 311.85
总磷	工业污染源	3.4	0.06	2.14	5.6	2.14
	城镇生活污染源	26.15	8.78	23.02	57.95	22.41
	污水处理厂污染源	11.76	0	45.07	56.83	45.07
	规模化养殖污染源	8.99	0.2	6.94	16.13	0.89
	点源小计	50.3	9.04	77.17	136.51	70.51
	农村生活污染源	26.59	6.46	14.65	47.7	12
	散养式畜禽养殖污染源	31.65	15.49	19.85	66.99	11.43
	种植业污染源	24.92	2.29	3.8	31.01	2.98
	水产养殖污染源	10.65	4.09	4.12	18.86	4.11
	面源小计	93.81	28.33	42.42	164.56	30.52
	合计	144.11	37.37	119.59	301.07	101.03

（1）重点区域

重点控制区各污染源来源和污染物排放占比情况详见图4.3-2和图4.3-3。从图中可知，按污染来源计，重点控制区城镇生活污染源占比最大，占总排放量的48.8%；其次是农村生活污染源和污水处理厂污染源，分别占22.1%和17.6%。按污染物统计，重点区域化学需氧量主要来源于城镇生活污染源，其次是农村生活污染源和污水处理厂污染源，占比分别为52.9%、21.4%和12.0%；氨氮主要来源于城镇生活污染源，其次是污水处理厂污染源和农村生活污染源，占比分别为46.3%、26.3%和23.9%；总氮主要来源于城镇生活污染源，其次是污水处理厂污染源和农村生活污染源，占比分别为37.6%、31.4%和24.5%；总磷主要来源于污水处理厂污染源，其次是城镇生活污染源和农村生活污染源，占比分别是49.8%、24.8%和13.3%。从以上分析可知，重点区域的污染物来源以点源为主。污染物化学需氧量、氨氮和总氮污染物来源以城镇生活污染源占比最大，总磷污染物来源以污水处理厂占比最大。

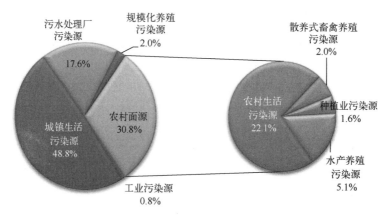

图4.3-2　重点控制区各污染来源占比

（2）钦北区

钦北区各污染源来源和污染物排放占比情况详见图4.3-4和图4.3-5。按污染来源计，钦北区散养式畜禽养殖污染源占比最大，占总排放量的30.9%；城镇生活污染源、农业生活污染源分别占28.6%和24.3%。按污染物统计，钦北区化学需氧量主要来源于散养式畜禽养殖污染源，其次是城镇生活污染源、农村生活污染源和水产养殖污染源，占比分别为34.5%、27.2%、21.0%和13.1%。氨氮主要来源于城镇生活污染源，其次是农村生活污染源和散养式畜禽养殖污染源，占比分别为50.4%、33.1%和12.9%。总氮主要来源于农村生活污染源，其次是城镇生活污染源和散养式畜禽养

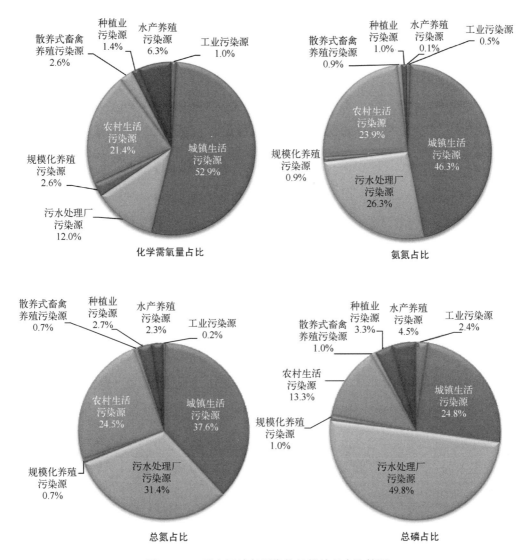

图 4.3-3　重点区域各污染物的排放量占比情况

殖污染源，占比分别为 40.1%、27.6% 和 17.3%。总磷主要来源于散养式畜禽养殖污染源，其次是城镇生活污染源、农村生活污染源和水产养殖污染源，占比分别是 41.5%、23.5%、17.3% 和 10.9%。从以上分析可知，钦江流域钦北区的污染物来源以面源为主，散养式畜禽养殖污染源占比最大，其次为城镇生活污染源、农村生活污染源。化学需氧量和总磷污染物来源以散养式畜禽养殖污染源占比最大，氨氮来源以城镇生活污染源占比最大，总氮污染物来源以农村生活污染源占比最大。

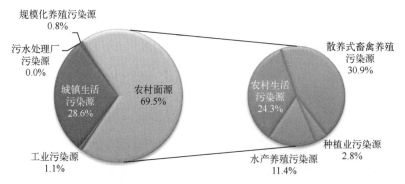

图4.3-4　钦北区各污染来源占比

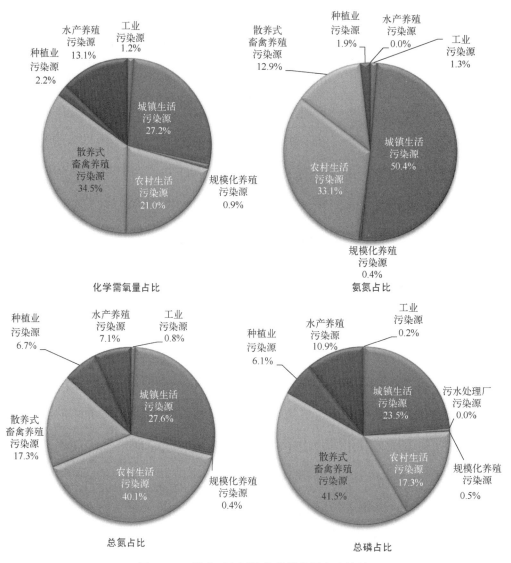

图4.3-5　钦北区各污染物的排放量占比情况

（3）灵山县

灵山县各污染源来源和污染物排放占比情况详见图 4.3-6 和图 4.3-7。按污染来源计，灵山县农村生活污染源污染物排放量最大，占总排放量的 25.5%；其次为城镇

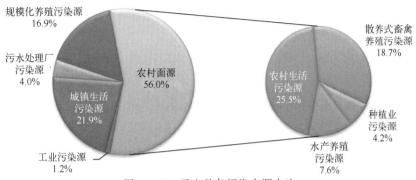

图 4.3-6 灵山县各污染来源占比

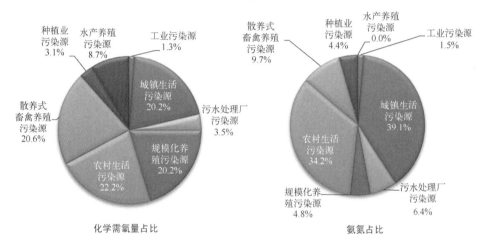

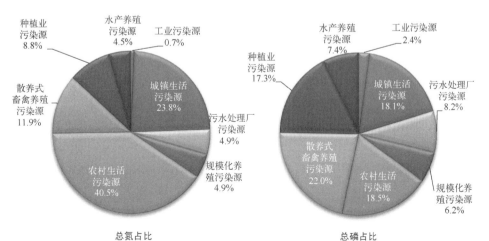

图 4.3-7 灵山县各污染物的排放量占比情况

生活污染源、散养式畜禽养殖污染源和规模化养殖污染源，占比分别为 21.9%、18.7% 和 16.9%。按污染物统计，化学需氧量主要来源于农村生活污染源，其次是散养式畜禽养殖污染源、城镇生活污染源和规模化养殖污染源，占比分别为 22.2%、20.6%、20.2% 和 20.2%。氨氮主要来源于城镇生活污染源，其次是农村生活污染源和散养式畜禽养殖污染源，占比分别为 39.1%、34.2% 和 9.7%。总氮主要来源于农村生活污染源，其次是城镇生活污染源和散养式畜禽养殖污染源，占比分别为 40.5%、23.8% 和 11.9%。总磷主要来源于散养式畜禽养殖污染源，其次是农村生活污染源、城镇生活污染源和种植业污染源，占比分别为 22.0%、18.5%、18.1% 和 17.3%。从以上分析可知，钦江流域灵山县的污染物来源以面源为主，农村生活污染源占比最大，其次为城镇生活污染源、散养式畜禽养殖污染源和规模化养殖污染源。化学需氧量和总磷污染物来源以散养式畜禽养殖污染源占比最大，氨氮来源以城镇生活污染源占比最大，总氮污染物来源以农村生活污染源占比最大。

参考文献

闵庆文，王金龙，史磊，等，2012. 太湖流域水质目标管理技术体系研究［M］. 北京：中国环境科学出版社 .

李响，陆君，钱敏蕾，等，2014. 流域污染负荷解析与环境容量研究——以安徽太平湖流域为例［J］. 中国环境科学 . 34(08)：2063-2070.

邱斌，李萍萍，钟晨宇，等，2012. 海河流域农村非点源污染现状及空间特征分析［J］. 中国环境科学 . 32(03)：564-570.

张敏，刘庆生，刘高焕，2011. 浙江省安吉县西部小流域非点源污染估算［J］. 资源科学 . 33(02)：242-248.

国务院第一次全国污染源普查领导小组办公室，2008. 第一次全国污染源普查城镇生活源产排污系数手册［S］.

国务院第一次全国污染源普查领导小组办公室，2008. 第一次全国污染源普查畜禽养殖业源产排污系数手册［S］.

国务院第一次全国污染源普查领导小组办公室，2008. 第一次全国污染源普查农村生活源产排污系数手册［S］.

国务院第一次全国污染源普查领导小组办公室，2009. 第一次全国污染源普查——农业污染源：肥料流失系数手册［S］.

国务院第一次全国污染源普查领导小组办公室，2008. 第一次全国污染源普查水产养殖业污染源产排污系数手册［S］.

第5章 钦江全流域环境问题诊断和识别

诊断和识别存在的水环境问题是开展流域水环境治理的重要前提，本研究主要从5个方面进行问题诊断分析，分别为从点源和面源治理措施分析治理力度与差距、从内源及河滨岸带等水生态空间要素分析生态环境综合治理现状、从自然环境条件分析水资源与水环境承载力的客观限制、从产业结构和空间布局分析污染特征与环境压力、从水环境管理现状分析环境监督管理能力与差距(国家环境保护部办公厅，2016；刘艳君，2015；王旭等，2012)。根据前述章节分析钦江流域的水环境现状，钦江上游段灵山县城段水质较差，中游段陆屋水文站至青年水闸段水质较好，下游段青年水闸以下的钦州市区至入海段水质较差。本章分别对2016年青年水闸以下重点区域和青年水闸以上控制区域的水环境问题进行针对性的诊断和识别。

5.1 青年水闸以下重点区域

5.1.1 污染源未得到有效控制，污染物排放量较大

(1) 市区污水收集管网不完善，污水收集率低，污水排放量较大

2015 年，河东、河西污水处理厂的运行负荷分别为 14.0%和 81.1%，处理负荷相对较低，钦州市城区的城镇生活污水收集率仍较低。部分区域污水收集管网不完善，存在盲区，部分区域虽然污水干管已经接通，但局部区块存在污水次干管缺乏，污水支管建设和排水户纳管建设滞后，泵站与管网建设不同步等问题，导致污水收集率低。根据供水量和污水处理量进行估算，2015 年年底，钦州市区每天约有 1.6 万 t 生活污水未经收集处理，以直接或间接方式通过市区及周边的沙江沟、彭屋沟、邓屋沟、缸瓦窑沟、方家村河、西干渠等自然沟渠汇入钦江。

位于河西片区的排污沟渠主要有沙江沟、彭屋沟、方家村河，本研究监测结果显示这些沟渠水体均为劣 V 类水体。其中，沙江沟是大榄江入河主要污染源。沙江沟是河西污水处理厂尾水排入水体，上游还接纳了河西片区南珠街道主城区的大部分生活污水，如沿石泉路、石南路、北部湾大道汇入沙江沟的西干渠分支周边区域，由于污

水管网未连通或缺乏泵站等，仍存在较多的分散式生活污水直排口沿渠排放，造成渠内淤积严重，水质恶劣。位于河东片区的排污沟渠有邓屋沟、缸瓦窑沟、冲口沟，本研究现场监测结果表明，邓屋沟和缸瓦窑沟水质为劣V类，氨氮和总磷超标严重，其污染来源主要为钦州市河东片区未能接入河东污水处理厂的城镇生活污水，钦南区高新技术产业园部分企业生活污水及沙埠镇城镇、农村生活污水。

（2）市区管网雨污不分流，截流截污不到位，人口增长导致水体进一步恶化

钦州市区大部分区域的市政排水管网为雨污合流制，尤其是河西片区老城区基本没有雨污分流，部分雨污管网的生活污水没有进行拦截而直排入附近沟渠，部分雨污水排放口虽然采取了水闸拦截污水措施，但在雨季时由于流量增大，为排洪需要，雨污管网的大量污水会随着雨水口直接或间接排入钦江。此外，部分雨污管拦截水闸由于管理或维护不到位，在非雨季时也是处于开闸状态，使得污水未能被拦截进入市政污水管网。近10年来，由于钦州市区人口密度不断增大，市区社会经济活动加速发展，直排入钦江的排污量不断增加，造成钦江水质进一步恶化。

2015年，钦州市对钦州市区生活污水进行截流整治，但截流工程与雨污分流措施未能较好衔接，截流工程没有对进截流管网之前的污水进行雨污分流；另外，截流排污口不全面，截污工程虽然把较大的排污口截流，但仍存在较多小而散的直排口，如西干渠康熙岭分支和沙江沟分支尚存在较多的分散式生活污水直排口，对渠内水质影响严重，现阶段截流未见显著成效。图5.1-1和图5.1-2为2015年1—12月河西和河东污水处理厂进水浓度的逐月变化情况，2015年年初至年底，自钦江截流工程实施以来，河西和河东污水处理厂进水浓度未见显著变化，说明钦江截流工程实施后截流效果不显著。

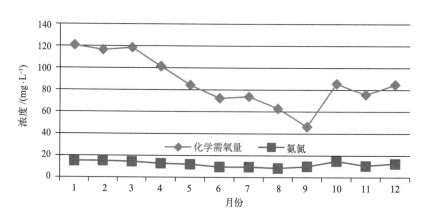

图5.1-1　2015年河西污水处理厂进水浓度逐月变化

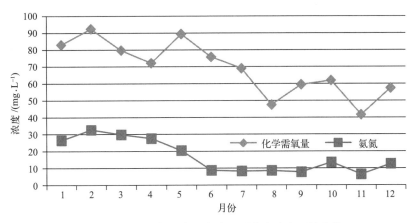

图 5.1-2   2015 年河东污水处理厂进水浓度逐月变化

（3）现有污水处理厂尾水的氮、磷影响贡献较大

2015 年，河东和河西污水处理厂执行一级 B 标准，氮、磷出水浓度相对较高。河西污水处理厂位于钦江西监测断面上游，水路距离较短，约 5.4 km，且由于受纳河流大榄江流量、流速较小，氮、磷削减能力弱，河西污水厂尾水排放量大，对钦江西监测断面的水质影响较大。根据 2015 年河西污水处理厂在线监测数据，其尾水总磷浓度为 0.6~1.3 mg/L，氨氮浓度为 1.0~2.3 mg/L，其中总磷浓度远高于地表水Ⅳ类水质标准值（0.3 mg/L），从 2015 年逐月分布图看（见图 5.1-3），钦江西断面总磷与河西污水厂总磷浓度变化趋势相近，而根据本研究 2016 年 5 月对大榄江沿岸主要沟渠现状监测统计分析，污水处理厂尾水的总磷占大榄江沿岸入河沟渠污染源的 63%，氨氮占比为 21.4%。

另外，由于钦州市区大部分污水收集管网雨污合流，污染物进水浓度均低，河西污水处理厂化学需氧量、生化需氧量和氨氮的年均进水浓度分别为 89 mg/L、34.3 mg/L 和 12 mg/L，河东污水处理厂化学需氧量、生化需氧量和氨氮的年均进水浓度分别为 68 mg/L、33.2 mg/L 和 17 mg/L，水质生化需氧量值偏低，进水有机质不足，难以满足生物所需的碳源，碳/氮/磷营养比例严重失调，导致生物脱氮除磷效果不佳。因此，脱氮除磷是提标改造的重点。

（4）乡镇污水处理厂及管网建设滞后，农村环境整治有待加强

截至 2015 年，钦南区康熙岭镇均尚未建设污水处理设施，沙埠镇、尖山镇的城镇生活污水按规划分别纳入河东污水处理厂和河西污水处理厂处理，但管网建设滞后，这 3 个镇涉及城镇、农村人口约 12 万人，生活污水现状为通过分散式排放进入钦江，对钦江水质直接造成影响，须建设污水处理设施处理城镇和农村生活污水直排

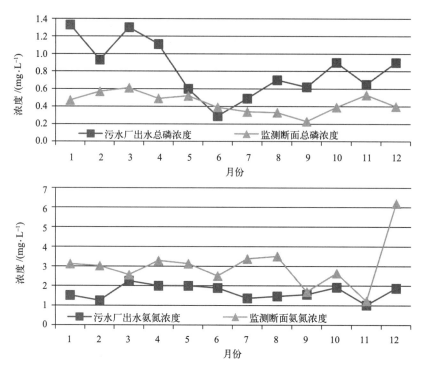

图 5.1-3　2015 年河西污水处理厂尾水总磷、氨氮与钦江西断面逐月分布

的问题。另外，康熙岭镇、尖山镇和沙埠镇农村卫生环境较差，生活垃圾未能得到有效转运及处理，以散乱方式堆放在大榄江沿岸，垃圾堆至江边，不仅堵塞河道，产生的渗滤液亦随雨水流入钦江，对河流水质产生污染影响。

（5）散养畜禽对河流水质产生不良影响

钦江在市区分流后，东支和西支大榄江临江沿岸尚有部分小型畜禽养殖户，养殖废水及粪便未经处理直排钦江，对钦江水质直接造成污染影响。根据 2016 年 7 月统计结果，市区下游尖山镇大榄江和九鸭江沿岸 200 m 范围内有 12 家分散式畜禽养殖场，2 家规模化养殖场，未建设有环保设施的分散式畜禽养殖场尚有 4 家，养殖猪总量为 2 341 头，禽 2 500 只。

（6）市区黎合江工业园区污水管网未完善

黎合江工业园区配套建设了雨水、污水管网，但由于园区外的市政管网未配套建设，园区污水未能进入河东污水处理厂处理。目前，入驻黎合江工业园区的企业以建材业为主，生产废水较少，所排污水以生活污水为主，经过园区附近小河沟流入茅尾海。

5.1.2 水资源不足及利用率低，用水结构有待优化

（1）水资源不足，水资源利用率低

2015 年，钦江流域总人口 184 万人，由于人口密度高，钦江流域人均水资源量为 1 201 m³，属于用水紧张的阶段。钦江流域地表水资源量为 22.1 亿 m³，河道内生态环境需水量为 3.76 亿 m³，汛期难于控制的洪水量为 10.75 亿 m³，地表水资源可利用量为 7.59 亿 m³（广西钦州市水资源综合规划报告，2007）。经计算，2015 年钦江流域工农业及生活总需水量为 6.13 亿 m³，需水量占钦江可利用水资源量的 80.8%。至 2020 年，需水量提高到 84.6%。由此可见，钦江流域的水资源能力已十分有限，按钦州市"十三五"社会经济的发展规划，未来需水量更高，水资源将面临紧缺，钦州市区青年水闸饮用水水源的供水压力进一步增大，郁江调水工程迫切且必需。钦江流域是以农业为主的地区，农业是用水的大户，水资源主要用于灌溉。而据调查，农村水利基础设施不完善，管理水平低，灌区渠系建筑物老化失修，农业灌溉用水的有效利用率低，造成水资源浪费严重，影响了水资源的合理利用和配置。

（2）水量时空分布不均，枯水期流量小，用水结构有待进一步优化

钦江流域受降水不均的影响，流量的年内变化较大，在汛期（5—9 月），其流量占全年流量的 83%，枯季（10 月至翌年 3 月）流量仅占全年流量的 17%，最小流量出现在 12 月至翌年 2 月，3 个月的流量只占全年流量的 6%。据统计，陆屋段钦江的 90% 保证率最枯月平均流量为 2.4 m³/s，青年水闸处为 5.11 m³/s，枯水期钦江流量偏小。而在空间分布上，钦州市区青年水闸下游受水闸用水调节影响，下泄流量偏小。

钦州市区上游来水由青年水闸处人工控制下泄流量，为满足灌溉、供水和发电需要而蓄水。根据对青年水闸近 10 年下泄流量统计分析，其多年平均下泄流量为 43.35 m³/s，多年最枯年下泄流量为 12.44 m³/s，最枯月月均最小下泄流量仅为 0.31 m³/s。为满足供水、发电和灌溉需求，枯水月时有多达 20 d 不放水，下游的部分河床近乎断流。由于下泄的流量小，致使下游河段流量变小，水环境容量降低，水体自净能力减弱，对下游的水质影响较大。钦江东和钦江西断面的监测结果显示枯水期水质超标最严重。青年水闸处是钦州市饮用水水源地，上游还有钦州欧亚糖厂、钦州市矿务局、广西沿海铁路股份有限公司取水以及市区下游的康熙岭镇、大番坡镇和沙埠镇取用农业灌溉用水。对取水工程和灌溉用水量进行统计，2015 年，青年水闸闸上生活、工业取水量约 1.33 m³/s，农业灌溉（9.5 万亩）用水约 1.57 m³/s，合计用水量 2.9 m³/s。青年水闸的闸上最枯月流量为 5.12 m³/s，由此可看出，最枯月青年水

闸的盈余下泄水量仅为 2.22 m³/s。而钦江在尖山分流为钦江东、西支后，大榄江的流量仅占 27%，按青年水闸完全下泄 2.22 m³/s 的流量，大榄江也仅有 0.6 m³/s 的流量。图 5.1-4 为 2015 年青年水闸月均下泄流量与钦江西考核断面总磷浓度变化，从图中可以看出，钦江西考核断面的总磷浓度随青年水闸下泄流量而波动，在枯水期下泄流量较小，总磷浓度相对较高，而丰水期下泄流量增大，总磷浓度相对较低。因此，水量小，负荷大，是影响下游钦江水质的重要因素。

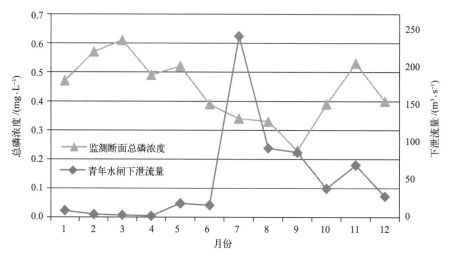

图 5.1-4　2015 年青年水闸月均下泄流量与钦江西断面总磷浓度变化情况

（3）水资源开发利用管理有待加强

流域在水资源开发利用方面，综合性规划和专业性规划不够完善，水资源的管理、利用效率和效益依然低下；缺少对水资源合理配置研究、水资源的可利用量与承载能力研究、节约用水潜力、水资源与国民经济和社会协调发展的关系研究、流域生态环境和治理规划研究，导致规划项目缺乏自觉遵循自然规律和经济规律的意识，不利于水资源的可持续利用和经济社会的可持续发展。

5.1.3　生态环境治理亟待加强

（1）部分河段底泥淤积，内源污染较重

大榄江上游来水少，流水不畅，缺少河水的冲刷，加上河西污水处理厂尾水排入，以及沿江两岸村庄生活污水直接或间接随各支流排入，河堤河床环境缺乏管理，因此河底污泥沉积量大，淤积严重，污泥中富含污染物，不断将污染物释放到水体中。经监测，钦江西监测断面处的底泥全氮、全磷和有机质含量分别为 585 mg/kg、

678 mg/kg 和 23.4 g/kg，分别比上游青年水闸处高 353 mg/kg、223 mg/kg 和 12.4 g/kg，底泥中氮、磷的释放对钦江西断面水质产生一定影响。另外，钦州市区河东片区小支流邓屋沟、缸瓦窑沟和钦江西支大榄江支流彭屋沟、东围河水质恶劣，部分河段河道垃圾堆积，底泥淤积严重，河流无法自净自流。

(2)部分河段河堤欠缺，生态护坡少

钦江西支从市区分汊后至康熙岭的部分河段，河堤缺乏，以泥堤为主，沿江两岸环境较差，生态护坡少，污染拦截阻挡和净化能力弱，加上流量小，环境容量小，农业面源污染易受地表径流和雨水冲刷进入河流，对河流水质产生影响。

5.2　青年水闸以上控制区域

5.2.1　城镇污水处理设施建设滞后或未正常运转，配套管网不完善

钦北区城区污水管网建设未完善，部分污水未能进入河西污水处理厂进行处理。百利华庭片区、钦北区城北市场片区等多个房地产、行政办公中心的生活污水经化粪池集中后最终汇入青年水闸上游钦江河段，对钦江水质造成污染影响，并对市区饮用水造成较大风险隐患。

钦南区久隆镇和钦北区青塘镇尚未建设污水处理厂，生活污水为分散式排放，通过支流间接排入钦江。平吉镇已建设有污水处理厂，但由于资金问题尚未投入运行，部分配套污水管网尚在建设中，城镇污水仍然是分散式直排钦江，由于平吉镇距离钦江较近，生活污水直排对钦江水质造成一定程度的影响。另外，平吉镇平吉食品站废水亦未能进入污水厂进行处理达标排放，而是通过沟渠排入钦江。

灵山县人口总数大，是广西第三个人口大县，钦江流域范围内的人口有 115 万人，而环保基础设施建设滞后，跟不上城镇发展需要。灵山县大部分乡镇未建设污水处理厂，除了灵城镇、陆屋镇建设了污水处理厂，其他 8 个乡镇：平山镇、佛子镇、新圩镇、檀圩镇、三隆镇、那隆镇、旧州镇和烟墩镇尚未建设污水处理厂或正在选址建设中，其中，新圩镇和檀圩镇污水拟纳入灵山县城污水处理厂进行处理，管网正在建设。未建设污水处理厂的乡镇，生活污水基本分散式排放至钦江或其支流，需建设污水处理厂解决生活污水直排的问题。

灵山县城污水处理厂设计处理规模 5 万 t/d，2015 年的处理量为 2.8 万 t/d，污水处理负荷 56%。灵山县城区污水管网覆盖率为 90%，尚有 10% 左右的城镇生活污水未能截流进入污水管网，仍由部分污水直排口排入灵山河和钦江，对其水质造成污染影响。

5.2.2 农村面源污染突出，畜禽养殖和农村生活污染比重较大

(1)畜禽养殖方式传统粗放，污染治理能力有待提高

"十二五"期间，钦州市和灵山县深化了对畜禽养殖污染的治理，流域内的钦北区和钦南区规模化养殖场基本完成了干清粪、雨污分流和废弃物综合利用改造。经调查，钦北区的规模化畜禽养殖大部分采取了干清粪，建设有堆粪场、废水收集池、沼气池、沼液储存池，并经氧化塘处理后农灌。2015 年，灵山县共有 81 家规模化养殖场，"十二五"期间完成了 29 家规模化养殖场减排及改造项目。经调查，流域尚有30%的规模化养殖场采取水冲粪或半干清粪的方式。由于资金投入不足，缺乏充足的排污处理设备和配套设施，环境设施简陋，流域内的规模化养殖场污染治理能力有待提高，废水、臭味问题仍较突出。流域内规模化养殖废水处理模式主要为：采用废水收集池、沼气池、储液池，部分养殖场设有氧化塘；废水经过沼气池后，部分用于农灌和淋灌，部分用于养鱼，无法消纳的废水则直接排入到附近水体中；养殖粪便堆肥外卖。流域中规模化养殖场突出和普遍存在的问题为雨污不分或污水收集沟是明渠，畜禽养殖粪便、沼液等贮存设施场所无防渗漏、防溢流、防雨水等配套设施，下雨天容易被雨水冲入外界水体，造成水质污染。

钦江流域畜禽养殖以分散养殖为主，2015 年钦江流域生猪养殖量为 70.53 万头，禽类 5 713.52 万只(包括鸡、鸭、鹅)，其中规模化养殖生猪 17.43 万头，占猪养殖总量的 24.7%；禽类 454.22 万只，占禽类养殖总量的 7.9%。规模化养殖的比例较低，畜禽散养户呈现多、散、杂的特点，采用传统栏舍和传统湿喂、水冲洗的养殖方式占比依然较大。由于缺乏技术和资金，环保观念意识不强，大部分散户未建设相应的污染治理设施，畜禽养殖污水及动物粪便无序排放，经降水淋洗或排灌等形式排入附近支流后注入钦江，局部水质污染影响较严重，监管难度较大。

根据 2016 年 7 月统计结果，灵山县钦江沿岸 200 m 范围内有 5 家规模化养殖场，41 家分散式畜禽养殖场，其中未建设环保设施的规模化养殖场有 1 家，分散式畜禽养殖场有 15 家。钦北区钦江沿岸 200 m 范围内有 36 家分散式畜禽养殖场，未建设环保设施的分散式畜禽养殖场有 1 家。

(2)农村连片环境综合整治有待加强和持续开展

灵山县钦江流域农村人口有 93.7 万人，随着美丽乡村建设和农村环境综合整治力度的加大，农村环境有明显改善。目前，佛子、新圩、平山、灵城 4 个镇共 41 个行政村建设了生活污水及垃圾收集处理设施，但现已建成的污水处理设施因缺技术人

员管理、缺运行维护费用等，部分污水处理设施运转效率低甚至处于停运状态。据调查，有 60% 的农村污水设施未能正常运转，生活污水通过管网泄漏或未经处理直排。

除了灵山县上述乡镇的部分乡村列入广西农村环境连片整治示范村项目，钦江流域灵山县的其余乡镇和钦北区平吉镇、青塘镇，尚未建成农村污水处理设施。经调查，钦江流域的农村各家各户普遍自建简易化粪池或沼气池处理生活污水，但化粪池出水没有去处。农村施肥现状是普遍直接购买化学肥料，而少有人利用粪水施肥。生活污水通过溢入土壤，或流到附近的水体或农田，从而被土地消纳或逐步污染地表水和地下水体。由于钦江流域上游农村、农业的比重较大，特别是近年养殖业快速发展，流域内畜禽养殖量大，散养比例高，农村生活污水和散养畜禽废水直接或间接排放进入钦江，给流域水环境带来了严重的压力。对于人口集中的村庄和钦江干流旁边的村庄，应加快污水处理设施的建设。

（3）农业种植污染不容忽视

钦江沿岸是钦州市重要的水稻、甘蔗及水果产区。当前，农业生产中的农家肥已被广泛使用的农药、化肥所取代，且片面追求规模数量而忽视农产品质量，盲目、不按科学要求喷药施肥，结果不仅造成化肥、农药利用率低，而且对农村土壤及水体环境造成严重污染。2015 年钦江流域主要作物总播种面积 103.46 万亩，年施用化肥32 913 t（折纯），其中氮肥 11 874 t，磷肥 7 319 t。施用的化肥、农药易随地表径流进入河流，造成面源污染，农业污水比重呈上升态势，加剧了河流的污染程度。灵东水库二级保护区内桉树种植面积为 466 hm^2，准保护区内桉树种植面积为 217 hm^2。牛皮䶮水库水源一级保护区内桉树种植面积为 54 hm^2，二级保护区内桉树种植面积为1 854 hm^2。桉树施肥及水土流失对水源地的水质存在一定的影响。

5.2.3　工业区污水处理厂建设滞后

钦江流域灵山县十里工业园仍有少部分企业排放的污水未能引入灵山县城污水处理厂，污水经企业自行处理达标后排入钦江。陆屋临港产业园未建污水处理厂，拟依托陆屋镇污水处理厂处理园区污水，但配套的污水管网未建设。此外，除灵山县城马鞍山屠宰场、陆屋镇屠宰场建设有污水处理设施，平山镇屠宰场依托大路排村污水处理设施处理污水外，其余 8 个乡镇的屠宰场未建污水处理设施。部分屠宰场如陆屋屠宰场的污水处理设施未能正常运转，废水直排钦江；平山镇屠宰场依托的大路排村污水处理设施也未能正常运转，废水直排入灵东水库。由于屠宰场的废水有机物浓度高，各乡镇中心大都临近钦江或其支流，屠宰废水未经处理排放对沿岸水体造成污染影响。

5.2.4 饮用水水源地监管有待加强，河道采砂对水质造成不良影响

钦州市钦江(青年水闸)饮用水水源保护区周边仍存在农村生活污染、农田径流污染及畜禽养殖污染等农业面源影响。钦北区城区的部分生活污水排入饮用水源一级保护区，对保护区水质造成影响。据2015年水质监测结果，青年水闸水质不能稳定达标，全年12次监测中，有5次超标，主要超标因子为化学需氧量、氨氮和溶解氧。

新坪江、青塘河和平吉镇自来水厂取水口断面均受到河道附近采砂的影响。平吉镇自来水厂取水口断面附近有2个采砂场，该自来水厂尚未投入运营(旧水厂能满足需求，从高坡水库取水)，但作为今后的饮用水源，采砂场作业将存在较大的影响。青塘河和新坪江河段存在非法小型采砂场，采砂严重扰动水底，使水体变浑浊，并释放污染物，破坏水体生态环境。采砂船作业时还有少量油污泄漏或排放，污染河流水质。

5.3 流域产业结构有待优化

钦江流域尚处于工业化初级阶段，工业基础比较薄弱，生产体系较低端，高附加值产业发展缓慢。工业企业以轻工、食品加工业、建材、制药、矿产开采与加工业为主，大多为中小型企业。生产力水平落后，企业治污积极性不高，部分企业尚不能完全做到废水排放稳定达标。灵山县和钦北区产业结构中的农业比重偏大，种植业和畜禽养殖相对发达，而畜禽养殖以分散养殖为主，规模化养殖的比例较低，低水平、分散性养殖污染大，监管难，亟待向集中养殖、规模化养殖加快发展。钦江流域灵山县和钦北区这种产业结构，决定了青年水闸以上流域水污染源以面源为主的特征，而区域经济发展缓慢，地方政府财力薄弱，污染防治的投资成为一大难题，且面源污染控制和环境监管难度都相对较大，保护水源的压力大。

5.4 环境监测监管能力不足

(1)环境监管能力薄弱

钦州市环保机构不健全，钦州市环境保护局钦南分局、钦州市环境保护局钦北分局均为钦州市环境保护局派出机构，分管钦南区和钦北区的日常环保监管工作，但区级没有一级环保机构。人员编制少，任务重，不能满足大范围执法检查的需求，监管及执法能力薄弱。灵山县辖区含17个乡镇、两个街道办事处，县域面积较广，2015

年镇一级虽然成立了国土规建环保安监所，但大部分镇环保管理人员未配置到位，且由于兼顾国土、规建和安监职责，难以专于环保管理，农村环境监管仍存在许多盲点。环境监测执法能力薄弱，体制不健全，难以对环境问题尤其是农村环境问题进行有效监管，难以应对潜在的环境风险。

（2）环境监测人员少、实验用房及设备不足，人员技术能力有限

钦州市环境监测站人员编制只有 53 人，未达到二级站标准 70 人的建设要求。大型仪器监测设备和应急设备缺乏，应急监测能力不足，未能满足日趋复杂的环境监测发展的需求。灵山县环境保护监测站全站核定编制 10 人，实际在编 9 人。总用房面积 350 m²，实际实验室用房面积 136 m²，未达到国家西部地区三级监测机构标准；对地表水和饮用水源的监测频次为每年只开展 3 期，监测项目较少，其监测频次与监测项目均未达到地表水和饮用水源的监测要求。人员数量不足，业务用房紧张，专业技术人员比例较低，与国家标准化建设要求差距较大，未能满足灵山县环境监测服务于环境管理的需求。

参考文献

广西海洋环境监测中心站，2013. 广西近岸海域水环境质量变化及保护对策研究［R］.

广西海洋环境监测中心站，2016. 钦州市钦江东和钦江西断面水体达标方案［R］.

广西海洋环境监测中心站，2017. 钦州市钦江水污染防治总体方案技术报告［R］.

国家环境保护部办公厅，2016. 水体达标方案编制技术指南［S］. 2016 年 3 月 25 日.

刘艳君，2015. 吉林省辽河流域水环境问题及防治措施［J］. 环境与可持续发展，40（06）：196-197.

钦州市水利局，广西水文水资源钦州分局，2007. 广西钦州市水资源综合规划报告［R］.

王旭，朱维耀，肖伟华，等，2012. 湘江流域水环境问题及其综合应对策略［J］. 环境保护科学，38（05）：5-9.

第6章　钦江全流域水环境容量与总量分配

水环境容量与总量分配是目前水质目标管理技术体系中较为成熟的指标。本章以数学模型——CSTR 模型(邓义祥等，2008；2011)开展钦江流域的水环境容量测算与总量分配。在水质模型的基础上，对钦江全流域进行控制单元的划分，并对河流和排污口进行概化，排污口分点源和面源两种类型，建立概化排污口与控制断面水质响应关系。总量分配以实现钦江流域各监测断面全面稳定达到水质管理目标为原则，先对各控制单元污染物总量分配进行计算，然后再按乡镇、街道办所属区(县)分别汇总，计算各区(县)的污染物总量控制目标。

6.1　钦江流域总量分配计算

6.1.1　水质模型

采用数学模型法对钦江流域的水环境容量和总量分配进行计算，以水质目标要求进行钦江流域总量分配量、削减量计算和分析(雷坤等，2013)。本研究采用中国环境科学研究院的 CSTR 模型(The Continuously-Stirred-Tank-Reactor Model)进行模拟，CSTR 模型即连续箱式模型(邓义祥等，2008；2011)，是传统的水力学模型和化学工程模型的结合。它最基本的思想是把河道分成若干连续的段，段内划分箱体，在每一段内参数近似保持不变，每个箱体内水质完全均匀混合。CSTR 模型是由零维模型串联而成的一维模型，其完全均匀混合的概念具有高度的概括性，适于处理较大流域的水环境问题，曾被广泛地应用在国内外的河流水质模拟。计算过程中的综合降解系数取值参照《广西壮族自治区地表水环境容量研究报告》(2011 年)和《广西钦州市水资源综合规划报告》(2007 年)，以及国内相关经验。本研究计算采取的污染物降解系数为：化学需氧量 0.1 d^{-1}；氨氮 0.1 d^{-1}；总磷 0.05 d^{-1}。

6.1.2　河流概化

根据钦江主要河流的分布，将钦江流域概化为 33 个河段，见图 6.1-1。经过概化，钦江流域纳入计算的河段共计 309 km(含大风江 26.5 km)，能够代表钦江流域河流水系的总体状况。河流概化的基本信息见表 6.1-1。

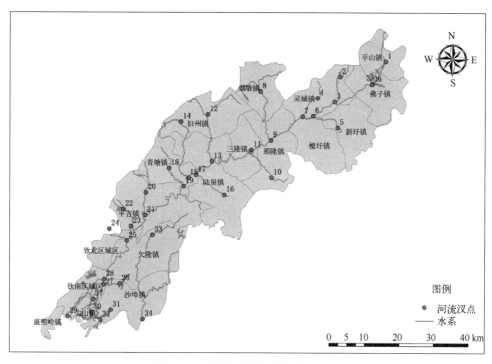

图 6.1-1　钦江流域河流概化示意图

表 6.1-1　钦江流域河流概化的基本信息

序号	代号	名称	起始汊点	末端汊点	长度/km
1	R1-35	灵东水库	N1	N35	2.78
2	R36-3	钦江	N36	N3	13.06
3	R2-3	灵山河	N2	N3	7.88
4	R3-6	钦江	N3	N6	7.59
5	R5-6	见田岭江	N5	N6	7.56
6	R6-7	钦江	N6	N7	3.47
7	R4-7	大塘河	N4	N7	7.14
8	R7-9	钦江	N7	N9	11.64
9	R8-9	那隆水	N8	N9	15.66
10	R9-11	钦江	N9	N11	6.85
11	R10-11	太平河	N10	N11	9.58
12	R11-13	钦江	N11	N13	17.64
13	R12-13	旧州江	N12	N13	12.91

序号	代号	名称	起始汊点	末端汊点	长度/km
14	R13-17	钦江	N13	N17	7.9
15	R16-17	丁屋江	N16	N17	10.34
16	R17-15	钦江	N17	N15	3.22
17	R14-15	新坪江	N14	N15	18.66
18	R15-19	钦江	N15	N19	3.43
19	R18-19	青塘河	N18	N19	6.4
20	R19-21	钦江	N19	N21	22.42
21	R20-21	三踏水	N20	N21	6.58
22	R21-23	钦江	N21	N23	10.1
23	R22-23	吉隆水库支流	N22	N23	6.24
24	R23-25	钦江	N23	N25	6.4
25	R24-25	久隆镇支流	N24	N25	7.5
26	R25-28	钦江	N25	N28	15.85
27	R28-27	钦江	N28	N27	1.81
28	R26-27	沙埠镇支流	N26	N27	4.74
29	R27-37	钦江	N27	N37	8.53
30	R37-29	钦江西支	N37	N29	7.95
31	R37-30	钦江东支	N37	N30	6.06
32	R31-32	沙埠镇独流河	N31	N32	4.47
33	R33-34	大风江	N33	N34	26.56

6.1.3　水质目标及总量分配原则

（1）水质目标

根据钦江流域水质污染物的特征，选取化学需氧量、氨氮、总磷作为总量分配计算因子。对于水质目标，从环保角度和水环境整体保护的理念出发，按水功能区划对应的水质目标要求进行控制（黄娟等，2020；王金南等，2013）。另外，钦江东和钦江西断面分别按《地表水环境质量标准》（GB 3838—2002）Ⅲ类和Ⅳ类的目标。根据钦州市水功能区划，钦江流域河段经概化后河流的水功能区划分见图6.1-2。从该图中可看出，钦江流域全程以Ⅲ类为主，上游灵山县城段和下游钦州市区段为Ⅳ类，灵东水库和青年水闸饮用水源保护区处为Ⅱ类。

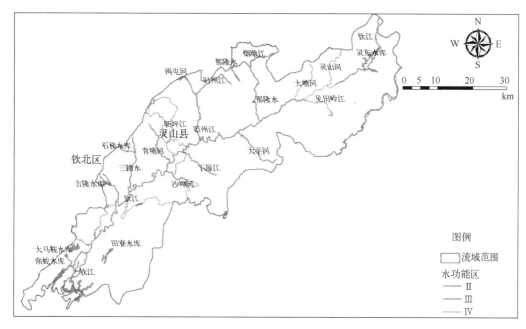

图 6.1-2　钦江流域主要河流水功能区划示意图

（2）总量控制和分配原则

根据对钦江流域整体水环境现状和问题分析，青年水闸下游和灵山县城段水质较差，从整治方案目标的针对性和上游来水水质保障考虑，主要对流域的 3 个区域进行总量分配和削减：①青年水闸以下重点区域，保障入海断面水质达标；②青年水闸以上至钦北区青塘镇区域，保障青年水闸来水和饮用水源水质；③灵山县佛子镇至檀圩镇区域，保障灵山县城自来水厂水质和下游水质。而对于钦江流域灵山县那隆镇至陆屋镇的区域以保持现状总量、控制增量为主要控制手段。

6.1.4　设计水文条件

本研究收集了钦江流域陆屋水文站、灵东水库和青年水闸闸上、闸下近 10 年的日流量记录，基本能反映流域的水文情况。根据钦江流域陆屋水文站和青年水闸日流量数据，钦江流域水文站 90% 保证率月均流量、多年最枯年流量和多年平均流量见表 6.1-2。本研究以 90% 保证率月均流量作为点源分配的主要依据，以多年平均最枯年流量作为面源分配的主要依据。从表 6.1-2 中来看，流域主要水文站的设计流量与流域面积具有明显的线性响应关系。故根据钦江流域主要水文站设计流量与流域面积之间的关系，计算各控制单元的汇水流量。

表 6.1-2　钦江流域水文站设计流量

类别	陆屋	青年水闸(闸上)	合计	平均值	青年水闸(闸下)
流域面积/km²	1 400	2 140	3 540	1 770	—
90%保证率月均流量/(m³·s⁻¹)	4.54	8.86	13.4	6.7	3.28
多年最枯年流量/(m³·s⁻¹)	11.58	20.39	31.97	15.98	12.44
多年平均流量/(m³·s⁻¹)	32.83	51.27	84.1	42.05	43.35

6.1.5　控制单元水文参数

根据概化后的河流划分了 32 个控制单元，各控制单元的设计水文条件见表 6.1-3。

表 6.1-3　钦江流域控制单元的设计水文条件

区(县)	序号	控制单元水系	控制单元	90%保证率月均流量/(m³·s⁻¹)	多年平均最枯年流量/(m³·s⁻¹)
灵山县	1	灵东水库	平山镇	0.43	1.03
	2	干流灵山段-1	佛子镇(钦江)	0.62	1.50
	3	大塘河	灵城镇(大塘河)	0.36	0.88
	4	灵山河	灵城镇(灵山河)	0.28	0.68
	5	见田岭江	新圩镇(见田岭江)	0.35	0.84
	6	干流灵山段-2	新圩镇(钦江)	0.26	0.62
	7	干流灵山段-3	檀圩镇(钦江)	0.60	1.45
	8	那隆水	烟墩镇(那隆水)	0.56	1.36
	9	干流灵山段-4	那隆镇(钦江)	0.44	1.07
	10	太平河	那隆镇(太平河)	0.42	1.01
	11	旧州江	旧州镇(旧州江)	0.64	1.55
	12	新坪江	旧州镇(新坪江)	0.16	0.38
	13	干流灵山段-5	三隆镇(钦江)	0.38	0.91
	14	太平河	三隆镇(太平河)	0.09	0.22
	15	丁屋江	陆屋镇(丁屋江)	0.73	1.76
	16	新坪江	陆屋镇(新坪江)	0.16	0.38
	17	旧州江	陆屋镇(旧州江)	0.41	0.98

续表

区(县)	序号	控制单元水系	控制单元	90%保证率月均流量/(m³·s⁻¹)	多年平均最枯年流量/(m³·s⁻¹)
钦北区	18	青塘河	青塘镇(青塘河)	0.53	1.28
	19	干流钦北段-1	平吉镇(钦江)	0.63	1.51
	20	干流钦北段-2	平吉镇(吉隆水库下游)	0.17	0.40
	21	三踏水	平吉镇(三踏水)	0.31	0.75
	22	干流钦北段-3	钦北区城区(钦江)	0.21	0.51
钦南区	23	大风江-1	久隆镇(大风江)	0.64	1.54
	24	干流钦南段-1	久隆镇(钦江)	0.32	0.78
	25	大风江-2	沙埠镇(大风江)	0.44	1.05
	26	干流钦南段-2	水东街道(钦江)	0.09	0.07
	27	干流钦南段-3	向阳街道(钦江)	0.03	0.16
	28	干流钦南段-4	文峰街道(钦江)	0.02	0.06
	29	干流钦南段-5	南珠街道(钦江)	0.12	0.14
	30	干流钦南段-6	沙埠镇(钦江)	0.32	0.76
	31	干流钦南段-7	尖山镇(钦江)	0.10	0.24
	32	干流钦南段-8	康熙岭镇(钦江)	0.11	0.25

钦江流域较大取水工程的情况见表6.1-4。郁江调水工程情况见表6.1-5。本研究计算环境容量时考虑了取水工程和调水工程的影响。

表 6.1-4　钦江流域取水工程情况

取水工程	所属行政区	建设地点	规模/(万t·a⁻¹)	2015年取水量/(万t·a⁻¹)	供水范围
灵山县自来水公司	灵山县	灵城大江桥头	500	941.6	灵城镇生活用水
十里人饮工程	灵山县	钦江大桥附近	80	17.6	十里村委生活用水
三海村人饮工程	灵城镇	钦江大桥附近	73	26.6	灵城镇三海村委生活用水
三隆人饮工程	三隆镇	三隆街江边	100	82.8	三隆镇石碑、三隆、下埠、石梯村委生活用水
塘表村人饮工程	那隆镇	那隆镇塘表村委	80	17.6	那隆镇塘表村委
新田人饮工程一期	那隆镇	那隆镇新田村委	80	9.8	那隆镇新田村委、陈垌村委

取水工程	所属行政区	建设地点	规模/（万t·a⁻¹）	2015年取水量/（万t·a⁻¹）	供水范围
长福村人饮工程	那隆镇	那隆镇长福村江边	80	11.4	那隆镇长福村委
广西陆屋欧亚糖业有限公司	灵山县陆屋镇	钦江陆屋河段	250	86.4	工业用水
尖峰人饮一期工程	陆屋镇	陆屋镇申安村委	100	80.3	陆屋镇申安、富久、教坪、坝基村委生活用水
广西沿海铁路股份有限公司钦州供电段	钦北区	青年水闸	60	57	厂区内部生活用水
广西世纪飞龙集团平吉制糖有限责任公司	钦北区	钦江平吉放炮岭河段	90	24.58	工业用水
广西钦州市钦江欧亚糖业有限公司	钦南区	钦江青年水闸西干渠	500	65	工业用水
广西钦州矿务局	钦南区	钦江久隆镇官垌村河段	220	50.4	厂区内生活、工业用水
钦州市自来水公司	市本级	青年水闸西总干渠	2 500	4 003	城区居民生活用水
合计				5 474	

表 6.1-5　郁江流域调水工程情况

调水工程	调入位置	调入量/(m³·s⁻¹)	调出位置	调出量/(m³·s⁻¹)
郁江调水	旧州江引入	20	久隆镇那蒙河段	8

6.2　污染物总量分配结果

考虑郁江调水是否实施对流域产生较大的不同影响，总量分配时分别对郁江不调水和调水两种情况进行计算。以控制单元为单位，分点源和面源两种类型，开展了钦江流域水环境容量计算和污染物总量分配。其中，点源包括工业源、规模化养殖场、城镇生活源、污水处理厂及农村污水处理设施，面源包括农村生活污染源、分散畜禽养殖污染源、种植业和水产养殖污染源。总量分配原则以实现钦江流域各监测断面全面稳定达标，在各控制单元污染物总量分配计算的基础上，按乡镇、街道办所属区（县）分别汇总，计算各区（县）的污染物总量控制目标。

6.2.1 郁江不调水情况

(1)总量分配结果

将控制单元按各区(县)、乡镇统计,钦江流域污染物的总量分配结果见表6.1-6。从表6.1-6中可以看出,不调水情况下,钦江流域钦南区总污染源污染物化学需氧量、氨氮和总磷的总量分配结果每年为6 232.77 t、360.36 t 和67.54 t。钦北区总污染源污染物化学需氧量、氨氮和总磷的分配结果每年为2 351.74t、160.65 t 和25.84 t。灵山县总污染源污染物化学需氧量、氨氮和总磷的总量分配结果每年为8 767.84 t、631.73 t 和121.06 t。

表6.1-6 不调水情况下钦江流域污染物总量分配结果

区(县)	乡镇、街道	点源/(t·a⁻¹)			面源/(t·a⁻¹)			总污染源/(t·a⁻¹)		
		化学需氧量	氨氮	总磷	化学需氧量	氨氮	总磷	化学需氧量	氨氮	总磷
灵山县	平山镇	116.69	10.73	1.35	131.81	8.81	2.72	248.50	19.54	4.07
	佛子镇	173.73	18.40	2.44	406.85	26.38	5.37	580.58	44.78	7.81
	灵城镇	763.15	47.23	7.15	624.38	40.97	9.44	1 387.54	88.20	16.59
	新圩镇	533.70	26.83	3.57	499.05	39.00	5.68	1 032.75	65.83	9.26
	檀圩镇	351.50	41.37	4.15	582.06	38.42	6.23	933.56	79.79	10.38
	烟墩镇	174.43	24.10	2.43	432.65	32.93	8.56	607.08	57.03	10.99
	那隆镇	185.51	21.56	2.21	642.07	43.11	10.90	827.58	64.67	13.12
	旧州镇	283.08	18.09	2.46	575.34	42.34	11.00	858.42	60.44	13.46
	三隆镇	199.34	21.71	2.43	445.55	29.15	7.63	644.89	50.86	10.06
	陆屋镇	875.57	56.79	10.69	771.37	43.80	14.64	1 646.94	100.59	25.33
	合计	3 656.71	286.81	38.88	5 111.13	344.91	82.17	8 767.84	631.73	121.06
钦北区	青塘镇	99.88	11.15	1.15	523.46	17.29	5.48	623.34	28.44	6.63
	平吉镇	229.10	28.32	2.61	1 044.59	50.90	10.86	1 273.70	79.23	13.47
	钦北区城区	324.78	42.52	4.08	129.93	10.45	1.66	454.70	52.98	5.73
	合计	653.76	81.99	7.85	1 697.98	78.65	18.00	2 351.74	160.65	25.84
钦南区	久隆镇	216.48	8.28	1.60	475.55	25.14	7.08	692.02	33.43	8.68
	钦南区城区	2 224.30	105.62	21.05	730.60	75.84	8.77	2 954.91	181.46	29.82
	沙埠镇	853.43	44.51	9.32	781.30	44.54	10.52	1 634.72	89.05	19.84
	尖山镇	143.56	5.04	1.73	291.21	21.32	1.79	434.78	26.36	3.51
	康熙岭镇	104.62	6.46	1.09	411.72	23.61	4.60	516.34	30.06	5.70
	合计	3 542.39	169.91	34.79	2 690.38	190.44	32.75	6 232.77	360.36	67.54
总合计		7 852.86	538.71	81.51	9 499.49	614.00	132.92	17 352.35	1 152.74	214.44

（2）现状负荷削减比例

将控制单元按各区（县）、乡镇统计，为实现污染物总量控制目标，不调水情况下，在2015年排放量的基础上，钦江流域污染物的削减比例见表6.1-7。从表6.1-7中可以看出，钦江流域钦南区污染物总量化学需氧量、氨氮和总磷的削减比例为4.4%、37.0%和43.5%。钦北区污染物总量化学需氧量、氨氮和总磷的削减比例为2.0%、11.3%和30.8%。灵山县污染物总量化学需氧量、氨氮和总磷的削减比例为6.1%、12.3%和16.0%。

表6.1-7　不调水情况下钦江流域污染物总量削减比例

区（县）	乡镇、街道	点源/%			面源/%			总污染源/%		
		化学需氧量	氨氮	总磷	化学需氧量	氨氮	总磷	化学需氧量	氨氮	总磷
灵山县	平山镇	0	0	0	0	0	0	0	0	0
	佛子镇	6.9	17.0	13.2	0	3.9	29.9	2.2	9.8	25.4
	灵城镇	27.0	56.3	54.2	0	3.1	22.2	16.9	41.3	40.2
	新圩镇	31.9	36.8	35.0	0	0.3	42.8	19.5	19.3	40.0
	檀圩镇	6.9	13.0	13.2	0	0	27.7	2.7	7.2	22.5
	烟墩镇	0	0	0	0	0	0	0	0	0
	那隆镇	0	0	0	0	0	0	0	0	0
	旧州镇	0	0	0	0	0	0	0	0	0
	三隆镇	0	0	0	0	0	0	0	0	0
	陆屋镇	0	0	0	0	0	0	0	0	0
	合计	13.5	23.1	22.7	0	0.7	12.4	6.1	12.3	16.0
钦北区	青塘镇	6.9	13.0	13.3	0	6.6	43.0	1.2	9.2	39.4
	平吉镇	6.9	13.3	13.2	0	11.9	36.1	1.3	12.4	32.7
	钦北区城区	6.9	13.0	13.2	0	0.0	3.1	5.0	10.7	10.5
	合计	6.9	13.1	13.2	0	9.3	36.5	2.0	11.3	30.8
钦南区	久隆镇	0.6	3.8	2.0	0	7.1	12.7	0.2	6.3	10.9
	钦南区城区	10.0	62.2	62.3	0	0	10.5	7.7	48.9	54.6
	沙埠镇	2.0	17.5	42.4	0	0	22.1	1.1	9.6	33.2
	尖山镇	6.9	74.7	13.2	0	1.3	57.7	2.4	36.5	43.5
	康熙岭镇	6.9	57.5	26.2	0	9.0	32.4	1.5	26.9	31.2
	合计	7.4	54.9	54.9	0	2.3	22.8	4.4	37.0	43.5
总合计		10.3	36.2	40.3	0	2.4	19.2	5.0	21.8	28.8

6.2.2　郁江调水情况

假设郁江调水工程实施，郁江来水按Ⅲ类水质引入钦江，青年水闸来水流量增加，下泄量分别按增加 5 m³/s 和 10 m³/s 的流量进行计算。

（1）青年水闸下泄量增加 5 m³/s 的总量分配结果

①总量分配结果

郁江调水使青年水闸增加 5 m³/s 下泄流量的情况下，钦江流域污染物的总量分配结果见表 6.1-8。从表 6.1-8 中可以看出，钦江流域钦南区总污染源污染物化学需氧量、氨氮和总磷的总量分配结果每年为 6 308.22 t、443.34 t 和 79.99 t。钦北区总污染源污染物化学需氧量、氨氮和总磷的总量分配结果每年为 2 351.74 t、160.65 t 和 25.80 t。灵山县总污染源污染物化学需氧量、氨氮和总磷的总量分配结果每年为 8 768.84 t、632.73 t 和 121.06 t。

表 6.1-8　青年水闸增加 5 m³/s 下泄流量情况下钦江流域污染物总量分配结果

区（县）	乡镇、街道	点源/(t·a⁻¹)			面源/(t·a⁻¹)			总污染源/(t·a⁻¹)		
		化学需氧量	氨氮	总磷	化学需氧量	氨氮	总磷	化学需氧量	氨氮	总磷
灵山县	平山镇	116.69	10.73	1.35	131.81	8.81	2.72	248.50	19.54	4.07
	佛子镇	173.73	18.40	2.44	406.85	26.38	5.37	580.58	44.78	7.81
	灵城镇	763.15	47.23	7.15	624.38	40.97	9.44	1 387.54	88.20	16.59
	新圩镇	533.70	26.83	3.57	499.05	39.00	5.68	1 032.75	65.83	9.26
	檀圩镇	351.50	41.37	4.15	582.06	38.42	6.23	933.56	79.79	10.38
	烟墩镇	174.43	24.10	2.43	432.65	32.93	8.56	607.08	57.03	10.99
	那隆镇	185.51	21.56	2.21	642.07	43.11	10.90	827.58	64.67	13.12
	旧州镇	283.08	18.09	2.46	575.34	42.34	11.00	858.42	60.44	13.46
	三隆镇	199.34	21.71	2.43	445.55	29.15	7.63	644.89	50.86	10.06
	陆屋镇	875.57	56.79	10.69	771.37	43.80	14.64	1 646.94	100.59	25.33
	合计	3 656.71	286.81	38.88	5 111.13	344.91	82.17	8 767.84	631.73	121.06
钦北区	青塘镇	99.88	11.15	1.17	523.46	17.29	5.44	623.34	28.44	6.61
	平吉镇	229.10	28.32	2.65	1 044.59	50.90	10.78	1 273.70	79.23	13.43
	钦北区城区	324.78	42.52	4.13	129.93	10.45	1.64	454.70	52.98	5.77
	合计	653.76	81.99	7.95	1 697.98	78.65	17.86	2 351.74	160.65	25.80

区(县)	乡镇、街道	点源/(t·a⁻¹)			面源/(t·a⁻¹)			总污染源/(t·a⁻¹)		
		化学需氧量	氨氮	总磷	化学需氧量	氨氮	总磷	化学需氧量	氨氮	总磷
钦南区	久隆镇	216.48	8.28	1.60	475.55	25.14	7.07	692.02	33.43	8.67
	钦南区城区	2 299.76	175.91	32.27	730.59	75.85	8.69	3 030.36	251.76	40.96
	沙埠镇	853.43	44.51	9.45	781.30	44.54	10.39	1 634.72	89.05	19.84
	尖山镇	143.56	17.35	1.75	291.21	21.32	2.99	434.78	38.66	4.74
	康熙岭镇	104.62	6.84	1.15	411.72	23.61	4.63	516.34	30.44	5.79
	合计	3 617.85	252.89	46.21	2 690.37	190.45	33.78	6 308.22	443.34	79.99
总合计		7 928.31	621.69	93.04	9 499.48	614.01	133.81	1 7427.80	1 235.72	226.86

②总量削减结果

郁江调水使青年水闸增加 5 m³/s 的下泄流量后，与不调水时对钦南区的污染物削减量情况见表6.1-9。从表6.1-9中可以看出，青年水闸增加 5 m³/s 的下泄流量，相当于钦南区钦江流域共削减污染物化学需氧量、氨氮和总磷为每年75.45 t、82.98 t和12.46 t，主要是对钦南区城区的污染物削减量影响显著。

表6.1-9　调水与不调水情况下钦南区污染物削减量结果

情景	乡镇、街道	总污染源/(t·a⁻¹)		
		化学需氧量	氨氮	总磷
调水增加下泄流量 5 m³/s	久隆镇	1.25	2.23	1.07
	钦南区城区	171.28	103.26	24.71
	沙埠镇	17.63	9.46	9.85
	尖山镇	10.70	2.87	1.47
	康熙岭镇	7.79	10.70	2.50
	合计	208.65	128.52	39.60
不调水	久隆镇	1.25	2.23	1.06
	钦南区城区	246.73	173.56	35.85
	沙埠镇	17.63	9.46	9.85
	尖山镇	10.70	15.18	2.70
	康熙岭镇	7.79	11.08	2.59
	合计	284.10	211.50	52.06
青年水闸增加 5 m³/s 下泄量与不调水的总削减量相比		-75.45	-82.98	-12.46

③现状负荷削减比例

将控制单元按各区（县）、乡镇统计，在 2015 年排放量的基础上，青年水闸增加 5 m³/s 下泄流量的调水情况下，钦江流域污染物的削减比例见表 6.1-10。从表 6.1-10 中可以看出，钦江流域钦南区污染物总量化学需氧量、氨氮和总磷的削减比例为 3.2%、22.5% 和 33.1%。

表 6.1-10　青年水闸增加 5 m³/s 下泄流量情况下钦江流域污染物总量削减比例

区（县）	乡镇、街道	点源/%			面源/%			总污染源/%		
		化学需氧量	氨氮	总磷	化学需氧量	氨氮	总磷	化学需氧量	氨氮	总磷
灵山县	平山镇	0	0	0	0	0	0	0	0	0
	佛子镇	6.9	17.0	13.2	0	3.9	29.9	2.2	9.8	25.4
	灵城镇	27.0	56.3	54.2	0	3.1	22.2	16.9	41.3	40.2
	新圩镇	31.9	36.8	35.0	0	0.3	42.8	19.5	19.3	40.0
	檀圩镇	6.9	13.0	13.2	0	0	27.7	2.7	7.2	22.5
	烟墩镇	0	0	0	0	0	0	0	0	0
	那隆镇	0	0	0	0	0	0	0	0	0
	旧州镇	0	0	0	0	0	0	0	0	0
	三隆镇	0	0	0	0	0	0	0	0	0
	陆屋镇	0	0	0	0	0	0	0	0	0
	合计	13.5	23.1	22.7	0	0.7	12.4	6.1	12.3	16.0
钦北区	青塘镇	6.9	13.0	12.1	0	6.6	43.4	1.2	9.2	39.6
	平吉镇	6.9	13.3	12.0	0	11.9	36.6	1.3	12.4	32.9
	钦北区城区	6.9	13.0	12.1	0	0.0	4.3	5.0	10.7	10.0
	合计	6.9	13.1	12.1	0	9.3	36.9	2.0	11.3	30.9
钦南区	久隆镇	0.6	3.8	1.8	0	7.1	12.9	0.2	6.3	11.0
	钦南区城区	6.9	37.0	42.2	0	0.0	11.2	5.3	29.1	37.6
	沙埠镇	2.0	17.5	41.6	0	0.0	23.1	1.1	9.6	33.2
	尖山镇	6.9	13.0	12.1	0	1.3	29.1	2.4	6.9	23.7
	康熙岭镇	6.9	55.0	22.4	0	9.0	31.9	1.5	26.0	30.2
	合计	5.5	32.9	40.1	0	2.3	20.4	3.2	22.5	33.1
总合计		9.5	26.4	31.8	0	2.4	18.7	4.5	16.1	24.6

（2）青年水闸下泄量增加 10 m³/s 的总量分配结果

①总量分配结果

郁江调水使青年水闸增加 10 m³/s 下泄流量的情况下，钦江流域污染物的总量分配结果见表 6.1-11。从表 6.1-11 中可以看出，钦江流域钦南区总污染源污染物化学需氧量、氨氮和总磷的总量分配结果每年为 6 308.22 t、485.46 t 和 88.82 t。钦北区总污染源污染物化学需氧量、氨氮和总磷的总量分配结果每年为 2 351.74 t、160.65 t 和 25.90 t。灵山县总污染源污染物化学需氧量、氨氮和总磷的总量分配结果每年为8 767.84 t、631.73 t 和 121.06 t。

表 6.1-11　青年水闸增加 10 m³/s 下泄流量情况下钦江流域污染物总量分配结果

区（县）	乡镇、街道	点源/(t·a⁻¹)			面源/(t·a⁻¹)			总污染源/(t·a⁻¹)		
		化学需氧量	氨氮	总磷	化学需氧量	氨氮	总磷	化学需氧量	氨氮	总磷
灵山县	平山镇	116.69	10.73	1.35	131.81	8.81	2.72	248.50	19.54	4.07
	佛子镇	173.73	18.40	2.44	406.85	26.38	5.37	580.58	44.78	7.81
	灵城镇	763.15	47.23	7.15	624.38	40.97	9.44	1 387.54	88.20	16.59
	新圩镇	533.70	26.83	3.57	499.05	39.00	5.68	1 032.75	65.83	9.26
	檀圩镇	351.50	41.37	4.15	582.06	38.42	6.23	933.56	79.79	10.38
	烟墩镇	174.43	24.10	2.43	432.65	32.93	8.56	607.08	57.03	10.99
	那隆镇	185.51	21.56	2.21	642.07	43.11	10.90	827.58	64.67	13.12
	旧州镇	283.08	18.09	2.46	575.34	42.34	11.00	858.42	60.44	13.46
	三隆镇	199.34	21.71	2.43	445.55	29.15	7.63	644.89	50.86	10.06
	陆屋镇	875.57	56.79	10.69	771.37	43.80	14.64	1 646.94	100.59	25.33
	合计	3 656.71	286.81	38.88	5 111.13	344.91	82.17	8 767.84	631.73	121.06
钦北区	青塘镇	99.88	11.15	1.17	523.46	17.29	5.54	623.34	28.44	6.71
	平吉镇	229.10	28.32	2.65	1 044.59	50.90	10.78	1 273.70	79.23	13.43
	钦北区城区	324.78	42.52	4.13	129.93	10.45	1.64	454.70	52.98	5.77
	合计	653.76	81.99	7.95	1 697.98	78.65	17.96	2 351.74	160.65	25.90
钦南区	久隆镇	216.48	8.28	1.60	475.55	25.14	7.07	692.02	33.43	8.67
	钦南区城区	2 299.76	217.68	41.06	730.59	75.85	8.70	3 030.36	293.53	49.76
	沙埠镇	853.43	44.51	9.45	781.30	44.54	10.39	1 634.64	89.05	19.84
	尖山镇	143.56	17.35	1.75	291.21	21.32	2.99	434.78	38.66	4.74
	康熙岭镇	104.62	7.18	1.18	411.72	23.61	4.63	516.34	30.79	5.82
	合计	3 617.85	295.01	55.04	2 690.37	190.45	33.78	6 308.22	485.46	88.82
总合计		7 928.31	663.80	101.87	9 499.48	614.01	133.91	17 427.80	1 277.84	235.79

②总量削减结果

郁江调水在青年水闸增加 10 m³/s 的下泄流量后，与不调水时对钦南区的污染物削减量估算情况见表 6.1-12。从表 6.1-12 中可以看出，青年水闸增加 10 m³/s 的下泄流量，相当于钦南区钦江流域共削减污染物化学需氧量、氨氮和总磷为每年 75.45 t、

125.1 t 和 21.29 t，主要是对钦南区城区的污染物削减量影响显著。

表 6.1-12 调水与不调水情况下钦南区污染物削减量结果

情景	乡镇、街道	总污染源/(t·a⁻¹)		
		化学需氧量	氨氮	总磷
调水增加下泄流量 10 m³/s	久隆镇	1.25	2.23	1.07
	钦南区城区	171.28	61.49	15.91
	沙埠镇	17.63	9.46	9.85
	尖山镇	10.70	2.87	1.47
	康熙岭镇	7.79	10.35	2.47
	合计	208.65	86.40	30.77
不调水	久隆镇	1.25	2.23	1.06
	钦南区城区	246.73	173.56	35.85
	沙埠镇	17.63	9.46	9.85
	尖山镇	10.70	15.18	2.70
	康熙岭镇	7.79	11.08	2.59
	合计	284.10	211.50	52.06
青年水闸增加 5 m³/s 下泄量与不调水的总削减量相比		−75.45	−125.1	−21.29

③现状负荷削减比例

将控制单元按各区(县)、乡镇统计，在 2015 年排放量的基础上，调水使青年水闸增加 10 m³/s 下泄流量的情况下，钦江流域污染物的削减比例见表 6.1-13。从表 6.1-13 中可以看出，郁江调水后，钦江流域钦南区污染物总量化学需氧量、氨氮和总磷的削减比例为 3.2%、15.1% 和 25.7%。

表 6.1-13 青年水闸增加 10 m³/s 下泄流量情况下钦江流域污染物总量削减比例

区(县)	乡镇、街道	点源/%			面源/%			总污染源/%		
		化学需氧量	氨氮	总磷	化学需氧量	氨氮	总磷	化学需氧量	氨氮	总磷
灵山县	平山镇	0	0	0	0	0	0	0	0	0
	佛子镇	6.9	17.0	13.2	0	3.9	29.9	2.2	9.8	25.4
	灵城镇	27.0	56.3	54.2	0	3.1	22.2	16.9	41.3	40.2
	新圩镇	31.9	36.8	35.0	0	0.3	42.8	19.5	19.3	40.0
	檀圩镇	6.9	13.0	13.2	0	0	27.7	2.7	7.2	22.5
	烟墩镇	0	0	0	0	0	0	0	0	0
	那隆镇	0	0	0	0	0	0	0	0	0
	旧州镇	0	0	0	0	0	0	0	0	0
	三隆镇	0	0	0	0	0	0	0	0	0
	陆屋镇	0	0	0	0	0	0	0	0	0
	合计	13.5	23.1	22.7	0	0.7	12.4	6.1	12.3	16.0

区 （县）	乡镇、 街道	点源/%			面源/%			总污染源/%		
		化学需氧量	氨氮	总磷	化学需氧量	氨氮	总磷	化学需氧量	氨氮	总磷
钦北区	青塘镇	6.9	13.0	12.1	0	6.6	42.3	1.2	9.2	38.6
	平吉镇	6.9	13.3	12.0	0	11.9	36.6	1.3	12.4	32.9
	钦北区城区	6.9	13.0	12.1	0	0.0	4.3	5.0	10.7	10.0
	合计	6.9	13.1	12.1	0	9.3	36.6	2.0	11.3	30.6
钦南区	久隆镇	0.6	3.8	1.8	0	7.1	12.9	0.2	6.3	11.0
	钦南区城区	6.9	22.0	26.5	0	0	11.2	5.0	17.3	24.2
	沙埠镇	2.0	17.5	41.6	0	0	23.1	1.1	9.6	33.2
	尖山镇	6.9	13.0	12.1	0	1.3	29.1	2.4	6.9	23.7
	康熙岭镇	6.9	52.8	20.1	0	9.0	31.9	1.5	25.2	29.8
	合计	5.5	21.7	28.7	0	2.3	20.4	3.2	15.1	25.7
总合计		9.5	21.4	25.4	0	2.4	18.6	4.5	13.3	21.7

参考文献

邓义祥，富国，郑丙辉，等，2008，CSTR 水力学模型数值求解方法探讨[J]. 环境科学研究，（2）：40-43.

邓义祥，郑丙辉，2011. Taylor 方法在 CSTR 河流水质模型结构可识别性分析中的应用[J]. 数学的实践与认识，41（6）：90-95.

广西壮族自治区环境保护科学研究院，中国环境科学研究院，2011. 广西壮族自治区地表水环境容量研究报告[R]. 南宁.

黄娟，逄勇，邢雅囡，2020. 控制单元核定及水环境容量核算研究—以江苏省太湖流域为例[J]. 环境保护科学，46（1）：30-36.

雷坤，孟伟，乔飞，等，2013. 控制单元水质目标管理技术及应用案例研究[J]. 中国工程科学，15（3）：62-69.

钦州市水利局，广西水文水资源钦州分局，2007. 广西钦州市水资源综合规划报告[R]. 钦州.

王金南，吴文俊，蒋洪强，等，2013. 中国流域水污染控制分区方法与应用[J]. 水科学进展，24（4）：459-468.

第 7 章　钦江全流域环境治理方案

本章根据前述章节的钦江流域环境问题诊断，以水质管理目标为核心，结合国家"水污染防治行动计划"的要求、国内相关流域环境治理的经验(包琳琳等，2017；单保庆等，2015；谢阳村等，2012)，以及本书中的钦江流域污染物总量分配计算结果，针对性地提出钦江流域环境治理方案。本章分别从各类污染源整治、生态修复与保护、产业结构优化、环境监测监管能力等方面因地制宜地提出详细的治理措施及方案。

7.1　重点削减下游污染及水量调控

7.1.1　全面削减城区污染物排放

(1)全面完善主城区污水管网

全面加强配套污水管网改造升级，加快实施钦州市城区生活污水口直排截流工作，强化市区内城中村、老旧城区和城乡接合部、东干渠及西干渠污水截流、收集，着力解决污水管网"最后一千米"问题，有效提升污水收集处理率。完成钦州市老城区已查出的生活污水排口的截污工作，同时进一步开展生活污水直排口截污普查工作，排查直排进入邓屋沟、缸瓦窑沟、沙江沟、彭屋沟、方家村河、东围河以及汇入大榄江的西干渠等劣V类城市水体的排污口，并及时完成钦州市建成区普查的所有生活污水直排口的截污工作。加强对汇入上述水体的城镇区域进行配套管网改造和污水泵站建设及维护，确保截流和收集的污水顺利汇到污水处理厂，防止出现截流而污水未被处理的问题。

加强钦州市城区雨污分流管网改造。现有合流制排水系统应加快实施雨污分流改造，难以改造的，应采取截流、调蓄和治理等措施。重点加强对河西片区的南珠街道、文峰街道、向阳街道的城中村、老旧城区和城乡接合部进行配套管网改造，包括雨污分流改造、污水截流、调蓄和治理等。加强对雨污分流设施的监管和维护，切实解决雨污合流的问题。城镇新区建设均实行雨污分流，有条件的地区要推进初期雨水收集、处理和资源化利用。

切实加强污水处理厂配套管网建设。加快钦州市河东污水处理厂的河东片区配套管网建设，加快钦州市高新技术产业开发区配套污水管网建设以及完善黎合江工业园区配套污水管网并接入河东污水处理厂，完善钦州市河西污水处理厂的河西老城区配套管网建设，城市污水处理厂污水管网要向城乡接合部及农村地区延伸，完善已建污水处理厂的配套管网建设。确保钦州市建成区污水处理率达到 100%，乡镇建成区污水处理率达到 60%以上。

（2）加快城镇污水处理设施建设与改造

加强对现有城镇生活污水处理厂的运营监管，确保正常运行和达标排放。对本方案监测中未能稳定达标排放的钦州市河东污水处理厂、钦州市河西污水处理厂、灵山县陆屋镇污水处理厂进行核查，如仍有未达标排放情况应立即开展限期整改。

加快流域内城镇生活污水处理设施建设，提高城市生活污水的整体处理能力。钦州市河东污水处理厂、河西污水处理厂须进行提标升级改造，使处理后的污水达到一级 A 以上排放标准。根据环保发展形势及钦江水体达标的要求，提高对污水处理厂出水标准要求，主城区的城市污水处理厂应争取处理后达到地表水Ⅳ类水质的高标准排放，其中钦州市河西污水处理厂在郁江调水工程未实施情况下，主要污染物化学需氧量、氨氮和总磷应达到地表水Ⅳ类水质以上的要求，其他片区、镇级污水处理厂出水应达到一级 A 排放标准。

加快建设钦南区康熙岭镇污水集中处理厂及配套污水收集管网、河西污水处理厂尖山镇片区污水管网工程、河东污水处理厂沙埠镇片区污水管网工程，确保尖山镇、沙埠镇和康熙岭镇的城镇生活污水得到有效的收集和处理。

（3）加强青年水闸下游面源污染的整治

严格按照国家、自治区、钦州市水污染防治行动计划以及《畜禽规模养殖污染防治条例》等要求，以禁养区限养区划定管理、种植业面源治理、农村环境连片整治等为手段，重点推进青年水闸以下重点整治区域内的尖山镇、康熙岭镇和沙埠镇的农业面源污染整治，减少养殖、种植和农村生活污水的污染物排放。重点对大榄江沿岸的直排养殖污水的畜禽散养户和河岸生活垃圾进行清理整治，切实提升钦江水质。

7.1.2 着力节水及水资源保护调度

（1）加强水资源保护调度

着力和加快推进郁江调水工程，增加青年水闸下泄流量。按照规划论证的方案在西津水库上游的支流沙坪河企石村附近修建引水隧洞，将郁江水通过钦江上游陆屋镇的小西江引至钦江，工程设计调水流量为 20 m^3/s，给钦州市区及钦州港提供生活、生产用水，改善钦江枯水季节河道水环境及生态环境，增加青年水闸上游来水流量，实现青年水闸增加下泄水量 8~10 m^3/s。

加强钦江流域水量调度管理，完善水量调度方案。采取闸坝联合调度措施，合理安排闸坝下泄水量和泄流时段。在郁江调水工程未实施的情况下，加强马鞍山水库作为钦州市饮用水源的功能，减少青年水闸供水压力，以维护河道生态流量和河流的自净能力为标准，适当增加青年水闸下泄流量。加强尖山黄屋沟水闸的管理和水量分配控制作用，增加大榄江的生态用水，重点保障枯水期生态基流；在郁江调水的情况下，实现增加大榄江流量 3~4 m^3/s。加强水功能区监督管理，从严核定水域纳污能力和限制排污总量，开展水生态文明城市建设，编制实施《钦州市水生态文明城市建设实施方案》。

（2）提高用水效率

建立万元国内生产总值水耗指标等用水效率评估体系，把节水目标任务完成情况纳入辖区政府政绩考核，将节水目标任务分解到各乡镇和用水单位。以《广西水资源综合规划》等规划为基础，将再生水、雨水等非常规水源纳入水资源统一配置。结合最严格水资源管理制度考核工作，对各地进行考核。确保流域内万元国内生产总值用水量、万元工业增加值用水量达到上级部门考核目标。

发展农业节水。推广渠道防渗、管道输水、喷灌、微灌等节水灌溉技术和旱作农业水肥一体化技术，完善灌溉用水计量设施。加强节水农业基础设施建设、切实做好土壤墒情监测等基础性工作、加快节水农业技术示范推广、推行适应性种植方式。加快大型和重点中型灌区监控计量设施建设，实现主要取水口在线监控。积极争取中央和自治区资金支持，各级落实地方工程配套资金，完成大型灌区和重点中型灌区续建配套和节水改造，流域内节水灌溉工程面积达到自治区指标要求。通过节水农业技术的应用，在旱作农业区将自然降水利用率提高 10 个百分点；在精灌区将灌溉用水利用率提高 20%~30%，在水田灌溉区实现每亩节水 100 m^3 左右。流域内农田灌溉水有效利用系数达到 0.55 以上。

抓好工业节水。按照国家鼓励和淘汰的用水技术、工艺、产品和设备目录，对钦江流域内的企业开展节水诊断、水平衡测试和用水评估等工作，制订高耗水工艺和装备淘汰工作方案并分年度实施。严格用水定额管理，根据广西用水定额地方标准，加强对企业执行用水定额情况的监管，取用水重点监控企业每 3 年必须开展一次企业水平衡测试。

加强城镇节水。禁止生产、销售不符合节水标准的产品、设备，强化使用水表的依法检定。公共建筑必须采用节水器具，开展公共建筑用水器具核查，限期淘汰公共建筑中不符合节水标准的水嘴、便器水箱等生活用水器具，新建公共建筑禁止使用非节水器具。鼓励居民家庭选用节水器具。对使用超过50年和材质落后的供水管网进行更新改造，逐年制订年度改造建设计划并实施，将公共供水管网漏损率控制在10%以内。积极推进"海绵城市"建设，推行低影响开发建设模式，建设滞、渗、蓄、用、排相结合的雨水收集利用设施，改造和建设雨水管渠，城市雨水蓄积利用及排水防涝工程的建设与改造要与城市旧城改造和新区开发建设统一规划、同步实施。新建城区硬化地面，可渗透面积要达到40%以上。城市建成区达到国家节水型城市标准要求。完成城市建成区内排水管网雨污分流改造，建成较为完善的排水防涝设施，完成上级部门要求的雨水管渠和泵站建设改造。

（3）加强用水量管理

实施最严格的水资源管理。健全取用水总量控制指标体系。加强相关规划和项目建设布局水资源论证工作，国民经济和社会发展规划以及城市总体规划的编制、重大建设项目的布局，应充分考虑当地水资源条件和防洪要求。对取用水总量已达到或超过控制指标的地区，暂停审批其建设项目新增取水许可。制定流域取水管理方案，对纳入取水许可管理的单位和其他年用量达到5万 m³ 及以上的用水大户实行计划用水管理。新建、改建、扩建项目用水要达到行业先进水平，节水设施应与主体工程同时设计、同时施工、同时投运。建立重点监控用水单位名录，并向社会公布，强化公众参与。

7.1.3　加强水生态环境治理

（1）加强整治城市污染水体

采取控源截污、垃圾清理、清淤疏浚、生态修复等措施，加大黑臭水体治理力度。根据已排查公布的钦州市建成区水体情况，建立城市水体监测评价体系，每半年向社会公布一次黑臭水体治理进展。确保河面无大面积漂浮物，沿岸无垃圾，无违法排污口，城市建成区的城市内河黑臭水体基本消除。要以控源截污、垃圾清理为治理黑臭水体的主要手段，通过截污纳管、面源控制消除沿河排污口、河面大面积漂浮物及沿岸垃圾；以清淤疏浚为治理黑臭水体的主要手段，清除水体底泥中所含的污染物；以生态修复为治理黑臭水体的主要手段，通过岸带修复、生态净化等措施确保黑臭水体整治工程长效运行。

（2）开展污染河道综合整治

对钦州市建成区内的水体以及钦江入海断面至青年水闸段支流的污染情况开展调

查，结合水质达标要求和各地区各类河道水质情况，完成大榄江的清淤疏浚和综合整治；加强对邓屋沟、缸瓦窑沟、沙江沟、彭屋沟、方家村河、东围河等劣 V 类污染河道的综合整治，有效地改善上述污染水体，使其水质达到 IV 类以上水质。

7.2　加强青年水闸上游的污染控制

7.2.1　推进城镇生活污水收集治理

（1）全面加强配套管网建设

尽快实施灵山县和钦北区建成区直排污水口截流工作，加强配套污水管网改造，强化市、县内城中村、老旧城区和城乡接合部污水截流、收集。对钦北区主城区、灵山县城区的城中村、老旧城区和城乡接合部进行配套管网改造，现有合流制排水系统加快实施雨污分流改造，实在难以改造的，须采取截流、调蓄和治理等措施。城镇新区建设均实行雨污分流，有条件的地区要推进初期雨水收集、处理和资源化利用。

切实加强污水处理厂配套管网建设。加快陆屋污水处理厂、钦北区污水处理厂和平吉镇污水处理厂等新污水处理厂的配套管网建设，完善灵山县污水处理厂等老污水处理厂的配套管网建设，完善上述已建污水处理厂的配套管网建设。加强新建乡镇污水处理厂配套管网的规划、设计和落实，新建乡镇污水处理设施的配套管网应同步设计、同步建设、同步投运。已有和新建的城市、区（县）污水处理厂要向周边乡镇延伸管网和服务，钦北区的百利华庭片区、城北市场片区生活污水须纳入钦北区污水处理厂，灵山县的新圩、檀圩片区应纳入灵山县污水处理厂，切实提高城镇污水集中收集处理率。对已经建成的城镇污水处理厂，要积极采取措施，完善污水管网，建立运行机制，保障污水处理厂的正常运行和达标排放。确保钦州市建成区污水处理率达到 100%，灵山县建成区污水处理率达到 90%，乡镇建成区污水处理率达到 60% 以上。

（2）加快城镇污水处理设施建设与改造

加快流域内城镇生活污水处理设施建设，提高城市生活污水的整体处理能力。新建钦北区污水处理厂（大垌镇污水处理厂）要达到一级 A 排放标准，灵山县污水处理设施须完成升级改造达到一级 A 排放标准。加快建设乡镇污水集中处理厂，流域内争取实现"镇镇建成污水处理厂"的目标。

7.2.2 推进农村环境综合整治

(1)强化畜禽养殖污染治理

完善现有规模畜禽养殖场污染治理设施建设，加强畜禽养殖业环境监管。现有规模化畜禽养殖场(小区)要根据污染防治需要，配套建设粪便污水贮存、处理、利用设施，实行雨污分流、干清粪的粪污收集方式。加强畜禽养殖的粪污厌氧消化和堆沤、有机肥加工、制取沼气、沼渣沼液分离与输送、污水处理、畜禽尸体处理等综合利用和无害化处置设施的建设。积极推进规模养殖场的种养结合方式，通过种植业消纳利用规模养殖场和专业养殖户处理后的污水和畜禽粪便。对于无法实现种养平衡的规模养殖场设定污水达标排放的综合治理目标，粪便和分离沼渣通过堆肥发酵生产有机肥，养殖污水采用"厌氧+好氧+深度"处理达标排放，并安装在线监测系统保证稳定达标排放。对畜禽规模养殖场(小区)进行环境影响评价，对环境影响评价不合格、有意愿、有条件地进行达标改造的养殖场(小区)，按照环评合格要求，以"一场(户)一策"方式形成整改建设方案，告知养殖业主，并监督推进整改工作。对没有意愿、没有能力建设养殖污染防治设施的养殖场坚决取缔。严格执行新建规模养殖场的准入条件，新建规模养殖场必须落实环保"三同时"措施，符合养殖规划，并进行环境影响评价，保证新建养殖场基本达到零排放，实现增产不增污。规模养殖场配套建设粪污处理设施比例达75%以上。

加强对达不到规模养殖的畜禽专业养殖户的污染减排改造，加强畜禽养殖粪便污水的综合化利用。继续通过补贴等方式对专业养殖户进行雨污分流、干清粪、沼气池、尾水灌溉等污染减排改造。加快有机肥厂和病死畜禽无害化处理厂建设，在灵山县建设1家畜禽粪污有机肥厂和1家病死畜禽无害化处理厂。鼓励引导大中型企业建设区域性有机肥厂和病死畜禽无害化处理厂，对养殖废弃物进行集中规范化处理。在散养密集区域，建成与周边养殖规模相匹配的废弃物收集、处理中心，实行畜禽粪便污水分户收集、集中处理利用，有条件的地区将污水收集到城镇或乡村污水处理厂进行处理。

(2)加快农村环境综合整治

以县级行政区域为单元，实行农村污水处理统一规划、统一建设、统一管理，各区(县)要制定出辖区内农村污水处理设施的建设方案，使农村生活污水处理率达到50%以上。积极推进陆屋镇、平吉镇等已建乡镇污水处理厂向镇周边农村人口聚集区延伸，其他拟建乡镇污水处理厂管网建设时也要考虑周边农村人口聚集区生活污水的收集。继续加强推进钦江流域农村环境连片整治，把钦江流域干流内的农村作为钦州市农村环境连片整治的优先安排区域，重点包括钦南区的久隆镇，钦北区的平吉镇和青塘镇，灵山县的佛子镇、新圩镇、灵城镇和檀圩镇。在人口密集的农村建成区，依据人口规模，因地制宜地建设中小型生活污水集中/分散处理站。对于无法集中污水进行处理的地区，根据地形特点因地制宜地在各种沟渠建设人工湿地，在河道两侧建设人工浮岛湿地等，采用经济、实用、多样的设施和措施，有效处理农村生活污水。严格实施《广西壮族自治区乡村清洁条例》，完善农村垃圾收集、转移和处理系统建设，减少农村垃圾污染；深化"以奖促治"政策，实施农村清洁工程，推进农村环境连片整治；对污染重的河道沟渠清淤疏浚，建设清洁家园、清洁田园。对已经完成农村连片综合整治以及建设好农村污水处理设施的农村地区，要积极采取措施，完善污水管网，建立运行机制，保障污水处理和垃圾收集设施的正常运行，保持农村的清洁环境。

（3）控制种植业面源污染

制定实施钦州市农业和林业面源污染综合防治方案，继续推行测土配方施肥，推广精准施肥技术、机具。积极推广畜禽养殖粪污和秸秆还田，使用有机肥，减少化肥的使用量。扩大技术进村入户，提高农民科学施肥的意识。建立完善科学施肥管理和技术体系，科学施肥水平明显提升，主要农作物化肥使用量实现零增长。一是施肥结构进一步优化，测土配方施肥技术覆盖率达到90%以上，畜禽粪便养分还田/林率达到75%，农作物秸秆养分还田率达到60%；二是施肥方式进一步改进，机械施肥面积占主要农作物种植面积的10%以上；三是肥料利用率稳步提高，主要农作物肥料利用率达到40%左右。

7.2.3 强化工业及屠宰场污染防治

（1）集中治理工业集聚区水污染

强化灵山县十里工业园区、陆屋临港产业园等工业集聚区污染集中治理，集聚区内工业废水必须经预处理稳定达到集中处理要求，方可进入城镇污水处理厂，并安装自动在线监控装置。逾期未完成的，一律暂停审批和核准或提请暂停审批和核准其增加水污染物排放的建设项目，并按照有关规定撤销或提请撤销其园区资格。加快陆屋临港工业园区配套污水管网建设并接入陆屋镇污水处理厂，尽快配套建设园区与市政管网的衔接管网。加强污染源自动监控设施运行工作，指导具备条件的国控重点监控企业安装污染源自动监控设施，每季度按照100%的抽查比例开展各地现场监控设施运行情况的现场监督检查工作。

积极贯彻《中华人民共和国循环经济促进法》和《中华人民共和国清洁生产促进

法》，以循环经济和清洁生产为手段，加强工业园区和工业企业的物质综合利用和循环利用，节约能源，减少污染物排放。积极推进流域内工业企业搬迁入园，并对其污染物排放进行统一监管。

（2）专项整治屠宰场

强化市、县、镇屠宰场的管理，对屠宰行业进行专项整治，屠宰场要采取节水和污水治理措施，实行清洁化改造，确保屠宰场污水处理设施的正常运行，污水经处理达到标准后纳入城镇污水处理厂集中处理排放。

（3）加强入河排污口管理

对钦江流域内排放废水入河的工业源建立污染物排污许可制，实行总量控制和严格达标排放。进一步加强入河排污口管理，沿河区（县）严格入河排污口监督管理和设置审批，强化重要入河排污口监督性监测。从严核定水域纳污能力和限制排污总量，结合水利普查成果，补充完善入河排污口监管信息，掌握重要江河入河排污口布局情况，开展入河排污口整治，推进重要入河排污口规范化建设。建立规模以上入河排污口台账，并加强管理。

（4）加强饮用水源保护

强化钦州市钦江饮用水水源保护区的保护。开展集中式饮用水水源环境保护规范化建设，在集中式饮用水水源地一级保护区周围，因地制宜地开展隔离防护工程建设，包括隔离防护围栏、围网、生态防护林和水源地标志建设等物理和生物隔离措施。依法清理饮用水水源保护区内违法建筑、排污口、畜禽养殖和网箱养殖，确保饮用水水源保护区的水质达标。

7.2.4　加强河道采砂整治

加强流域内非法采砂的整治，合理控制采砂的布局和总量，保障河道安全和饮用水安全。对新坪江、青塘河和平吉镇取水口附近采砂场进行整治，清理流域非法采砂场。

7.3　促进经济结构转型升级

7.3.1　调整产业结构

（1）调整流域产业结构

鼓励发展轻污染、无污染、节水和综合利用的工业，禁止引进和转移重污染项目。推进流域内现有企业的规模升级和产业延长，建设规模品牌企业，加强流域工业基础，壮大流域工业发展。依托钦州港的港口和北部湾等区位优势，积极发展物流业、旅游业等第三产业。逐步推进流域城镇化建设，引导农民进入工业和服务业，调整流域第一、第二和第三产业的结构比例，增加第二产业和第三产业比重，减少第一产业比重。

（2）根据钦江流域水质目标和主体功能区规划要求，实施差别化环境准入政策

对青年水闸下游水质不达标、超出环境承载力的钦南区钦江干流、大榄江及邓屋沟、缸瓦窑沟、沙江沟、东围河等主要支流，以及灵山县自来水厂取水口断面至东边塘断面的灵山县干流段，必须实施污染物削减方案，禁止新建排放化学需氧量、总磷、氨氮的工业项目，加快调整发展规划和产业结构。在其他功能区严格控制影响水体的化学需氧量、氨氮、总氮、总磷等污染物总量，新建、改建、扩建涉及上述污染物排放的建设项目，必须满足水环境质量以及污染物总量控制要求，符合工业企业环境准入规定。

（3）促进畜禽养殖产业转型，推进畜禽养殖方式转变

加快实施《钦州市人民政府关于生猪产业转型发展情况的报告》中提出的转型发展措施要求以及《钦州市现代生态养殖业发展规划（2016—2025 年）》，强化养殖业结构调整，加快推进畜禽养殖业转型发展，科学确定畜禽养殖的品种、规模、总量。利用"控制总量转方式、减小扶大提质量"的发展主线，利用政策扶植等措施，建设标准化规模养殖场，淘汰散户养殖和小型养殖场，走生态型、标准化、规模化的发展道路，着力解决畜禽养殖中的规模分散问题，促进解决农村畜禽养殖的面源污染问题。积极鼓励和推广高架网床、零冲水、无抗养殖、农牧结合、种养循环等现代生态养殖模式，全面推广高架网床生猪养殖模式和先进的减排工艺技术，从源头上减少畜禽废弃物排放。新建畜禽养殖规模企业必须采用高架网床养殖模式，加大对现有畜禽养殖企业高架网床养殖模式改造的财政支持力度。流域内畜禽养殖总量不增加，500 头以上规模养殖场的养殖比重达到 50% 以上，50% 以上的规模化养殖场和养殖小区采用高架网床养殖模式。全面推进种养结合，综合利用畜禽养殖废弃物，形成循环利用养殖模式。

（4）调整种植业结构与发展模式

积极推动农村土地流转，鼓励发展规模农业企业和农村合作社，大力扶持具有区域特色产品的龙头企业/合作社，引导分散农民开展规模现代农业项目，通过规模农林业的精细化种植、管理，达到精准施肥循环发展等减少面源污染的目标。积极发展农业合作社、农产品加工和林产品加工等项目，鼓励优势流通企业、工业企业到钦江流域参与高端农林牧渔业的开发与建设，吸收当地农民就业，有效推动流域农业种植产业结构优化，解决农村农业分散种植面源污染严重的困境。科学制定钦州市农业发

展规划，大力种植节水、高产、生态品种。科学制定林业发展规划，有效保障天然林的保有率，促进多样化林业结构的形成，减少单一林种的过度发展。鼓励发展当地特色产业，发展现代绿色生态产业创新试点。打造"生态、高值、循环"的现代特色农林牧结合的绿色生态产业，升级调整种植业结构。

7.3.2 优化空间布局

合理确定流域发展布局、结构和规模。开展《钦州市国民经济和社会发展第十四个五年规划》《钦州市总体空间布局规划》《钦州市节能减排降碳和能源消费总量控制"十四五"规划》等规划编制工作，充分考虑钦江水质不达标环境超载的现状，减少、杜绝重污染行业在该流域的布局，尤其是钦南区和钦北区以及灵山县城区。严格控制钢铁、有色金属、造纸、印染、原料药制造、化工等污染较重的行业在流域发展布局，鼓励电子信息技术、生物工程、现代物流、精密制造、商贸、建筑建材工业、装备制造业、新材料和农林产品加工业的发展。对流域内现有的 23 个将污水排入钦江的企业，结合工业园区的整治，积极推进流域内工业企业搬迁入园，优化钦江干流沿岸的产业布局和经济发展空间布局。

控制流域畜禽养殖总量，优化畜禽养殖业发展布局。流域各区(县)科学划定钦江流域的畜禽养殖禁养区和限养区，将集中饮用水水源地保护区、钦江干流常年水位线或常年洪水淹没线沿岸两侧距岸 200 m 范围划为禁养区，将钦江干流沿岸距岸 20~2 000 m 纳为限养区。严格落实禁养区和限养区的要求。禁养区内禁止规模饲养畜禽，严禁新建、扩建各类畜禽养殖场。对大榄江沿岸 200 m 和灵山县钦江干流沿岸 200 m 内的规模养殖场，依法关闭或搬迁钦江沿河禁养区内的规模畜禽养殖场(小区)和养殖专业户，并对禁养区内的分散养殖户进行养殖场地环保改造实现零排放。限养区内禁止新建、改建和扩建畜禽养殖场，限养区内原有的畜禽养殖场，由所在区(县)人民政府责令限期治理，控制畜禽养殖总量，严格落实污染防治措施和主要污染物排放总量控制要求。限期内达不到总量控制要求的、未实现达标排放的，由所在各区(县)人民政府组织整治，经整治仍未达标的要限期关停或搬迁。确保限养区内养殖场和专业养殖户实现污染物达标排放。

7.4 严格环境监管，加强水环境管理

7.4.1 严格环境监管

严格执行标准。贯彻落实国家地下水、地表水等各项环境质量标准及城镇污水处

理、污泥处理处置、农田退水等污染物排放标准。结合实际情况，在钦江青年水闸下游段水质长期超标的区域实施水污染物特别排放限值。建立健全重点行业水污染物特别排放限值、污染防治技术政策和清洁生产评价指标体系。

深化落实污染物总量控制制度。完善主要污染物统计监测考核体系，对水环境质量有突出影响的总氮、总磷等污染物，研究纳入流域、区域污染物排放总量控制约束性指标体系。

全面推行排污许可证制度，依法核发排污许可证。及时完成污染源排污许可证发放工作。加强许可证管理。以水质改善、防范环境风险为目标，将污染物排放种类、浓度、总量、排放去向等纳入许可证管理范围。禁止无证排污或不按许可证规定排污。配合上级部门完成全区排污许可证管理信息平台建设。

7.4.2 加大执法力度

所有排污单位必须依法实现全面达标排放。逐一排查工业企业排污情况，达标企业应采取措施确保稳定达标；对排放超标和超总量的企业予以"黄牌"警示，一律限制生产或停产整治；对整治仍不能达到要求且情节严重的企业予以"红牌"处罚，一律停业、关闭。每半年定期公布环保"黄牌""红牌"企业名单。每半年定期抽查排污单位达标排放情况，结果向社会公布。

健全行政执法与刑事司法衔接机制。健全完善上级督查、属地监管的环境行政监督执法机制，强化环保、公安、监察等部门和单位协作，建立信息共享机制，健全行政执法与刑事司法衔接配合机制，完善案件移送、受理、立案、通报等规定，堵住"以罚代刑"的漏洞。与公安、检察机关建立和完善日常联动执法相关制度以及案件移送、重大案件专题会商和督办、紧急案件联合调查、执法信息共享等机制，实现行政处罚和刑事处罚无缝对接。建立各地案件移送、受理等情况的月调度机制，不定期将一批环境违法典型案例联合公安机关进行挂牌督办，定期向社会通报各地环境违法案件移送情况。

严厉打击环境违法行为。重点打击私设暗管或利用渗井、渗坑、溶洞排放、倾倒含有毒有害污染物废水、含病原体污水，监测数据弄虚作假，不正常使用水污染物处理设施，或者未经批准拆除、闲置水污染物处理设施等环境违法行为。对造成生态损害的责任者严格落实赔偿制度。严肃查处建设项目环境影响评价领域越权审批、未批先建、边批边建、久试不验等违法违规行为。对构成犯罪的，要依法追究法律责任。

提升监管水平完善流域协作机制。健全跨区(县)、部门环境保护议事协调机制。流域上下游各级政府、各部门之间要加强协调配合、定期会商，实施联合监测、联合执法、应急联动、信息共享。建立和完善跨行政区域流域上下游应急联动机制。加强与交通运输、安监、公安消防等部门的应急联动。

7.4.3 提升监管水平

完善水环境监测网络。根据国家统一规划，建立健全综合性的钦江流域水环境监测网络（点位），提升对跨县市区主要断面的监测能力。加强钦江流域现有 8 个水质监测断面的监测，每月监测 1 期，补充建设钦江西入海河口水质自动监测站，实现流域内青年水闸、钦江东和钦江西断面 3 个主要污染物通量的实时监控。提升饮用水水源水质全指标监测、水生生物监测、地下水环境监测、化学物质监测及环境风险防控技术支撑能力。制订落实重点污染源在线监控系统建设计划，提高排污口自动化监控水平。加强水利和环保部门的数据共享和信息发布，构建流域水环境监控信息管理系统。

提高环境监管能力。加快建设钦南区环境保护局和钦北区环境保护局，配备人员和硬件设施，加强环境监管能力。加强钦州市和灵山县监测监察应急机构的标准化达标建设，配齐人员编制和加强能力建设，切实增强环境监管能力。加强环境监测、环境监察、环境应急等专业技术培训，严格落实执法、监测等人员持证上岗制度，加强基层环保执法力量，乡镇一级（街道）要配备必要的环保机构；县级以上工业园区的环境监管实行属地管理。逐步提升基层环境执法人员对污染源现场检查的技能和环境违法案件调查取证的能力，力争使全市环境监察执法人员持证上岗率达到 100%。流域内实行环境监管网格化管理。进一步探索督政的方式和方法，流域内政府牵头组织划分环境监管网格，将地方政府领导以及各有关部门的职责纳入管理，分清职责；以督政的方式，对流域内环境监管网格化管理情况进行监督。对县级以上有关部门的环境监察执法能力、环境应急能力、环境监测能力完成标准化验收。

参考文献

包琳琳，吴楠，2017. 基于控制单元的襄河流域容量总量控制及水质达标对策[J]. 安徽农业大学学报，44（6）：1084-1092.

单保庆，王超，李叙勇，等，2015. 基于水质目标管理的河流治理方案制定方法及其案例研究[J]. 环境科学学报，35（8）：2314-2323.

广西海洋环境监测中心站，2016. 钦州市钦江东和钦江西断面水体达标方案[R].

广西海洋环境监测中心站，2017. 钦州市钦江水污染防治总体方案技术报告[R].

广西壮族自治区人民政府，2015. 广西水污染防治行动计划工作方案[Z].

国家环境保护部办公厅，2016. 水体达标方案编制技术指南[S].

国务院，2015. 水污染防治行动计划[Z].

钦州市人民政府，2016. 钦州市水污染防治行动计划工作方案[Z].

钦州市水利局，广西水文水资源钦州分局，2007. 广西钦州市水资源综合规划报告[R].

谢阳村，王东，赵康平，2012. 利用控制单元识别松花江流域水污染防治重点[J]. 环境保护科学，38(5)：18-21+40.

第三篇
茅岭江全流域环境治理研究

第8章 茅岭江全流域污染物排放特征

茅岭江是注入茅尾海的两条较大河流之一，位于广西南部，是广西重要的入海河流。茅岭江干流全长 117 km，其中有 15.1 km 的干流被规划为钦州市饮用水源保护区，流域面积有 2 875 km^2，多年平均年径流量为 29.0 亿 m^3。流域总人口 82.14 万人，其中农业人口 65.71 万人。流域水资源对钦州市和防城港市工农业生产和人民群众生活起着重要的作用，近年来，随着北部湾经济区的发展，其周边地区经济快速发展，流域内城镇生活和畜禽养殖排污对茅岭江水质影响较大。

本章系在资料收集整理的基础上，介绍茅岭江全流域的环境概况和环境质量现状，系统分析茅岭江流域污染来源和携带入海污染物量。

8.1 茅岭江流域环境概况

8.1.1 自然环境概况

（1）地理位置

茅岭江流域位于广西南部钦州市及防城港市境内（见图 8.1-1），钦州市及防城港市地理位置优越，是祖国大西南最便捷的出海通道，也是广西北部湾经济区临海工业基地。茅岭江是注入钦州湾茅尾海海域的最大入海河流，地理坐标为 21°34′52″—22°28′01″N，108°10′55″—109°09′12″E。流域范围包括茅岭江干流部分，以及境内所有一级、二级和三级支流。

茅岭江发源于钦北区板城乡，流经钦北区、钦南区和防城港市防城区，全长 117 km，总落差 135 m，流域面积 2 875 km^2。下游黄屋屯水文站距河口约 18 km，控制流域面积约 1 826 km^2。黄屋屯上游 17.5 km 已建拦河坝，坝下感潮。流域西部为十万大山山脉，发育有两条汇入茅岭江的支流，其中滩营江支流在离河口约 11 km 处汇入，流域面积约 302 km^2，该支流无水文站观测流量信息；另一支流为冲仑江（芙蓉江），流域面积约 85.1 km^2，在河口附近汇入，也无常设水文站。流域多年平均年降雨量 1 500~2 800 mm，年径流深 750~2 000 mm。黄屋屯站年径流总量，2012—2016 年分别为 15.91 亿 m^3，21.62 亿 m^3，19.72 亿 m^3、13.02 亿 m^3 和 16.01 亿 m^3（马进荣

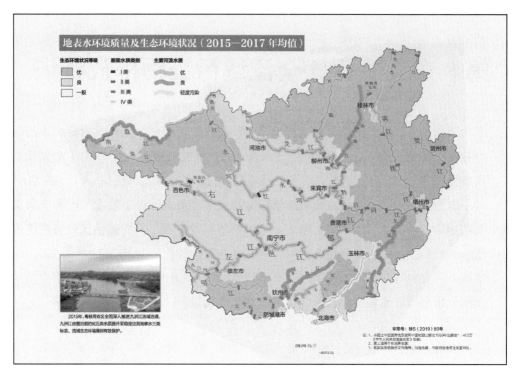

图 8.1-1　茅岭江位置示意

等，2019）。

（2）主要支流

茅岭江集雨面积在 100 km² 以上的一级支流有板城江、那蒙江、大寺江和大直江 4 条，二级支流有贵台江和滩营江 2 条，三级支流主要有那湾河，全河流呈扇形分布。茅岭江各支流的河流基本情况见表 8.1-1。

表 8.1-1　茅岭江支流河流基本情况

编号	支流名称	河流级别	流域面积/km²	河流长度/km
1	板城江	一级支流	172	31.3
2	那蒙江	一级支流	395.6	49.6
3	大寺江	一级支流	599.2	69.3
4	大直江	一级支流	864.1	42.3
5	贵台江	二级支流	101	24
6	滩营江	二级支流	302	52.5
7	那湾河	三级支流	102	24.4

注：数据引自《钦州市志》（钦州市地方志编纂委员会，2000 年 8 月）。

①茅岭江一级支流

板城江，发源于灵山县太平乡九冬塘石榴角，流经钦州市板城乡，于小董镇老罗坪汇入茅岭江干流，全长 31.3 km，其中钦州境内河长 24 km，流域面积 172 km²。河流总落差 73.6 m，河道平均坡降 2.06‰，弯曲系数为 1.24，流域平均宽度为 6.88 km。沙质河床，河流年径流深为 900 mm，最大流量为 345.2 m³/s，最小流量为 0.7 m³/s，多年平均流量为 4.57 m³/s，年径流量为 1.44 亿 m³。

那蒙江，亦称板暮河，发源于邕宁县大塘，流经邕宁县南晓、钦州小董、那蒙等乡镇，于那蒙乡江口村汇入干流。流域面积 395.6 km²，全长 49.6 km，其中钦州境内长 19 km，流域面积 139.2 km²，河流总落差 10 m，河道弯曲系数为 1.28，沙质河床。最大流量为 790.3 m³/s，最小流量为 1.7 m³/s，多年平均流量为 10.47 m³/s，年径流量为 3.3 亿 m³。

大寺江，发源于上思县公正乡鸡白村，流经上思公正、钦州贵台、大寺等乡镇，于大寺镇老简注入茅岭江干流。全长 69.3 km，流域面积 599.2 km²，其中钦州境内河长 46.7 km，流域面积 455.8 km²。较大的二级支流有贵台江。河流总落差 121 m，平均坡降 0.92%，弯曲系数为 1.51。河面宽约 100 m，平常水深 1.5 m，沙质河床，冲淤变化较大。河流最大流量为 1 197.1 m³/s，最小流量为 2.6 m³/s，多年平均流量为 15.9 m³/s，年径流量为 5 亿 m³，水量丰富。从河口至上游的洞利，全年均可通航吨位为 7~12 吨的船只。

大直江，又名大弯河，为茅岭江最大支流。发源于大直镇那凡村吊那隘，流经黄屋屯镇，于康熙岭镇长墩尾汇入茅岭江干流。全长 42.3 km，流域面积 864.1 km²。总落差 135.6 m，河道平均坡降 1.07‰，弯曲系数为 1.36。沙质河床，冲淤变化较大。河流水量丰富，年径流深 1 600 mm，最大流量为 1 726.3 m³/s，最小流量为 3.73 m³/s，多年平均流量为 22.9 m³/s，年径流量为 7.22 亿 m³。河下游有较大的二级支流滩营江注入。大直圩以下河段可通航吨位为十余吨的船只。

②茅岭江二级支流

贵台江，发源于邕宁县南晓乡六海，流经钦州市大寺镇的北部，于贵台圩流入茅岭江的一级支流大寺江。全长 24 km，流域面积 101 km²，在钦州境内河长约 24 km，年径流深为 700 mm，平水年(保证率 50%)的年径流量为 0.69 亿 m³，丰水年(保证率 20%)的年径流量为 0.88 亿 m³。

滩营江，发源于防城县大录镇峒平村，流经防城县平旺、滩营等乡，于钦州市黄屋屯八角湾注入茅岭江一级支流大直江。全长 52.5 km，集雨面积 302 km²，钦州境内河长约 6 km。河流总落差 590 m，平均坡降 2.4‰，流域平均宽度为 13.1 km，河道弯曲系数为 2.27。干流全年可通航吨位为 3~5 吨的船只。

③茅岭江三级支流

那湾河，又称白田水。发源于大直镇薄竹塘，于大直镇那湾村汇入茅岭江二级支流滩营江。流域面积 102 km²，河长 24.4 km。总落差 280 m，河道平均坡降为 2.11‰，弯曲系数为 1.35，流域平均宽度为 8.5 km；河流年径流深 1 700 mm，平常年的年径流量为 1.68 亿 m³，丰水年的年径流量达 2.15 亿 m³，水量丰富。

在防城区茅岭乡的支流有三条：

一由茅岭街经崇军、龙转湾、沙墩而至冲仑，全长 14 km。

二由大渡口，经小陶、沙坳、瓦屋场，至附城乡太平村，名小头江。

三由大茅岭、红大头、石角、山猪窿、三官庙至黄猄田，名大头江。全长 10 km，潮涨时，帆船可往来。

(3)水文特征

茅岭江河流水量较为丰沛，据黄屋屯水文站多年观测，年平均流量为 82.12 m³/s，多年平均年径流量为 25.9 亿 m³，年径流深为 1 000 mm。由于受降雨变化的影响，河流流量的年内变化较大，在汛期(4—9 月)，径流量为 19.99 亿 m³，占年径流量的 77.2%，最大月径流量一般出现于 6—8 月，约占全年的 50%；枯季(10 月至翌年 3 月)径流量为 5.9 亿 m³，占年径流量的 22.8%，最小月径流量出现于 12 月至翌年 2 月，仅占全年的 9%。河流的侵蚀模数为 187 t/km²，年输沙量为 55.3 万 t。

茅岭江下游因河床浅窄，加上坡降平缓(三门滩至河口约为 0.1‰)，又有潮水顶托，一遇洪水，常常成灾。茅岭江(黄屋屯水文站)的水文特征：较大洪水的最大水位变幅接近 9 m，一般变幅 5 m 左右；洪水历时一般为 2~3 d，涨洪历时约 1 d，落洪历时约 2 d。发生洪水期间潮汐消失。纯潮期间，一般每日发生高、低潮各 1 次，半月周期的新、老潮期交替之日则发生高、低潮各两次，基本属不正规混合全日潮型。涨潮潮差最大为 2.11 m，平均为 1.01 m；落潮潮差最大 2.06 m，平均 1.04 m。涨潮历时最大为 8 小时 13 分，平均 4 小时 31 分；落潮历时最大为 23 小时 41 分，平均 17 小时 8 分。

(4)地形地貌

茅岭江地形为东北部较高，西南部为低，西面为十万大山山脉，主峰海拔 960 m，东面有古道岭，海拔 635 m。流域内有连绵起伏的群山，东北部及中部多为高丘和低山，海拔在 300 m 左右(黄海基面)，坡度和缓，多在 20°~30°之间；河流两岸为台地及低丘，台地高程 10~60 m，低丘高程 100~250 m，下游为滨海平原，高程 1~6 m。

（5）土壤、植被类型

茅岭江土壤主要有以下几个类型：砂土、沙壤土、壤土。河流两岸多为壤土和沙壤土，低丘多为砂壤土及砂土。流域中上游多分布壤土、红壤砾土、黏土及沙壤土，流域下游的滨海平原多为壤土和沙壤土。流域内主要种植的作物有粮食作物、经济作物和其他农作物。粮食作物以水稻为主，辅以红薯、玉米、豆类及其他杂粮；经济作物主要为花生、甘蔗、木薯等，其他农作物包括蔬菜等。

（6）水资源开发利用情况

茅岭江水资源开发利用程度还比较低，流域内缺乏骨干水利工程，流域内中型以上水利工程仅有石梯水库 1 座。流域中上游枯水期水资源量有限，而下游虽然有支流滩营江汇入，水量比较丰富，但由于地势低洼平坦，不利于水量的储蓄和调节使用，此外还受潮水影响，水资源的可利用量不多。流域规划饮用水水源地为位于茅岭江下游钦南区黄屋屯镇米龙湾村的茅岭江水源地。

8.1.2　社会经济概况

（1）行政区域

茅岭江流域跨越钦州市的 11 个乡镇和防城港市的 2 个乡镇；行政区范围包括：钦州市钦北区板城镇、新棠镇、长滩镇、小董镇、那蒙镇、大垌镇、大寺镇、大直镇及贵台镇，钦南区黄屋屯镇、康熙岭镇，防城港市茅岭镇及滩营镇。茅岭江流域行政区范围及构成分别见表 8.1-2 和表 8.1-3。

表 8.1-2　茅岭江流域行政区范围

流域	市	区	乡镇/街道
茅岭江流域	钦州市	钦北区	板城镇
			新棠镇
			长滩镇
			小董镇
			那蒙镇
			大垌镇
			大寺镇
			大直镇
			贵台镇
		钦南区	黄屋屯镇
			康熙岭镇
	防城港市	防城区	茅岭镇
			滩营镇

注：引自《广西近岸海域水环境质量变化及保护对策研究》（广西海洋环境监测中心站，2013 年 11 月）。

表 8.1-3 茅岭江流域的行政区构成

地点	面积/km²	地点	面积/km²
钦北区	1 350	防城区	107
钦南区	256		

注：引自《广西北部湾规划实施以来北部湾环境问题反思研究》(上海复旦规划建筑设计研究院生态与环境战略研究所，2015 年 6 月)。

（2）人口概况

2019 年年末，钦州市全市户籍总人口 417.7 万人，比上年增加 2.29 万人，其中城镇人口 83.5 万人，农村人口 334.2 万人(钦州市统计局，2020 年)。

2019 年年末，防城港市户籍人口 100.37 万人，比上年年末增加 1.05 万人。其中，城镇人口 57.52 万人，农村人口 42.85 万人(防城港市统计局，2020 年)。

2019 年，茅岭江流域总人口 82.14 万人，其中城镇人口 16.43 万人，农村人口 65.71 万人。

（3）社会经济概况

2019 年，钦州市全年实现生产总值 1 356.27 亿元，同比增长 5.3%，按常住人口计算，全年人均地区生产总值 40 922 元，其中城镇居民人均可支配收入 35 732 元；农村居民人均可支配收入 14 149 元。从产业来看，第一产业增加值 279.78 亿元；第二产业增加值 451.77 亿元；第三产业增加值 624.72 亿元。三次产业增加值的结构为 20.6：33.3：46.1(钦州市统计局，2020 年)。

2019 年，防城港市全年实现生产总值 701.23 亿元，同比增长 5.4%。按常住人口计算，全年人均地区生产总值 73 163 元，其中城镇居民人均可支配收入 36 385 元；农村居民人均可支配收入 15 962 元。从产业来看，第一产业实现增加值 109.42 亿元；第二产业实现增加值 330.83 亿元；第三产业实现增加值 260.98 亿元。三次产业增加值的结构为 15.6：47.2：37.2(防城港市统计局，2020 年)。

8.2 茅岭江环境质量现状及变化趋势

8.2.1 水质监测概况

（1）常规监测

国家在茅岭江设 1 个考核监测断面进行监测，每次监测在该断面上设左、中、右

3条垂线采样，2006—2010年分别在枯水期、丰水期和平水期进行监测，2011—2013年分别在4个季度进行监测，2014—2019年每个月均开展了监测。监测项目包括水温、盐度、pH值、溶解氧、化学需氧量、高锰酸盐指数、生化需氧量、悬浮物、硝酸盐氮、亚硝酸盐氮、氨氮、磷酸盐、总磷、总氮、总铜、总铅、总锌、总镉、总汞、总砷、总铬、硒、六价铬、铁、锰、挥发酚、石油类、总有机碳、硫化物、阴离子表面活性剂、氰化物、硫酸盐、非离子氨(统计)、无机氮(统计)、有机磷(甲基对硫磷、马拉硫磷、对硫磷)、有机氯农药(六六六、DDT)等。

（2）其他监测

2019年，广西海洋环境监测中心站在茅岭江上布设了7个监测断面对茅岭江水质进行监测，每次监测在各断面中心线设1条垂线采样，分别于当年7月和10月进行监测，监测项目包括水温、盐度、pH值、氨氮、总磷、总氮、硝酸盐、磷酸盐、总有机碳等。

8.2.2 水质评价及变化趋势

（1）多年年均水质

茅岭江监测断面执行《地表水环境质量标准》(GB 3838—2002)Ⅲ类标准，本书按此标准对实测水质所属类型进行分级判定。通过对2006—2019年各期水质监测结果进行分析可知，茅岭江2006—2011年、2014—2017年水质不稳定，时常出现超标，超标因子主要为化学需氧量及总磷，年均水质自2009年开始均能稳定达到Ⅲ类以上标准要求。茅岭江入海断面多年监测结果评价见表8.2-1。茅岭江2006—2019年度水质比例情况见图8.2-1。

表8.2-1 茅岭江入海断面多年监测结果评价

年度	实测水质所属类型(年均)	超标水期及其水质类型	超标因子及超标倍数
2006	Ⅳ类	枯水期Ⅳ类、丰水期劣Ⅴ类	氨氮(0.04)，石油类(2.1)
2007	Ⅲ类	丰水期Ⅳ类	总磷(0.12)
2008	Ⅳ类	枯水期劣Ⅴ类	总磷(0.18)
2009	Ⅲ类	枯水期Ⅳ类、平水期Ⅳ类	化学需氧量(0.25)、总磷(0.35)
2010	Ⅲ类	枯水期Ⅴ类、平水期Ⅳ类	化学需氧量(0.40)、总磷(0.35)
2011	Ⅲ类	1季度Ⅳ类、2季度Ⅳ类	生化需氧量(0.2)、化学需氧量(0.42)
2012	Ⅲ类		

续表

年度	实测水质所属类型(年均)	超标水期及其水质类型	超标因子及超标倍数
2013	Ⅱ类		
2014	Ⅱ类	1月Ⅳ类	石油类(0.2)
2015	Ⅲ类	6月Ⅴ类，8月Ⅳ类	总磷(0.6)、化学需氧量(0.2)
2016	Ⅲ类	3月Ⅳ类，7月Ⅳ类，12月Ⅴ类	硒(0.1)、溶解氧(1.3)、化学需氧量(0.7)
2017	Ⅲ类	6月Ⅳ类	化学需氧量(0.3)、溶解氧(0.9)、总磷(1.1)
2018	Ⅱ类		
2019	Ⅱ类		

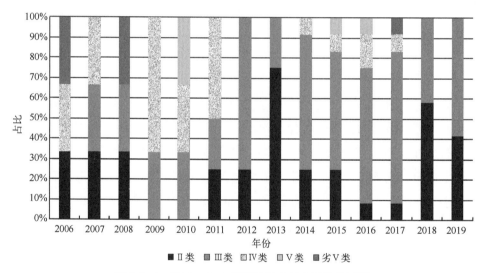

图 8.2-1　2006—2019 年茅岭江全年水质比例情况

（2）主要超标因子变化趋势

茅岭江近 13 年(2006—2019 年)来时常出现超标，超Ⅲ类标准的因子主要为化学需氧量及总磷。茅岭江化学需氧量年均值范围为 9 mg/L(2018 年)至 19 mg/L(2010 年及 2011 年)，总体变化略呈下降趋势(见图 8.2-2)。

茅岭江总磷年均值范围为 0.056 mg/L(2006 年)至 0.263 mg/L(2008 年)，2006—2013 年变化趋势较明显，先显著上升达到最大浓度后又显著下降，2013 年之后变化趋势不明显，2006—2019 年总体变化略呈下降趋势(见图 8.2-3)。

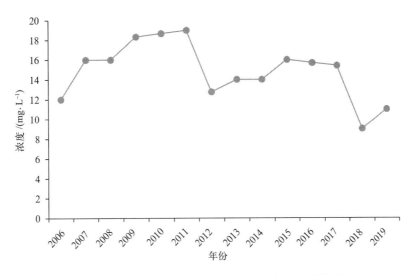

图 8.2-2 2006—2019 年茅岭江化学需氧量变化情况

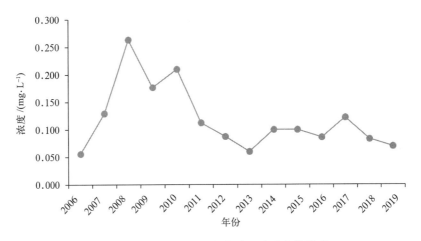

图 8.2-3 2006—2019 年茅岭江总磷变化情况

(3)总氮浓度变化趋势分析

鉴于茅岭江最终汇入茅尾海海域,而该海域 2006—2019 年无机氮污染较重。对茅岭江 2006—2019 年总氮浓度进行趋势分析。

茅岭江总氮年均值范围为 0.74 mg/L(2009 年)至 1.62 mg/L(2013 年),总体变化略呈上升趋势(见图 8.2-4)。

(4)总氮及总磷空间分布特征

根据 2019 年监测布点情况,M1、M2、M4、M5 至 M6 点位从茅岭江上游往下游

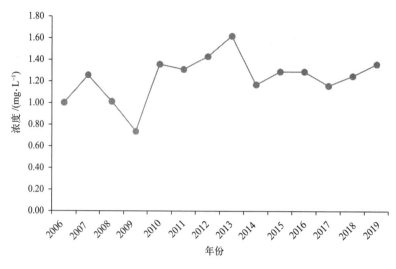

图 8.2-4　2006—2019 年茅岭江总氮变化情况

依次布设，M3 布设于支流大寺江大寺镇段，M7 布设于支流冲仑江临近入海口的位置，各断面具体情况及监测结果见表 8.2-2。

表 8.2-2　茅岭江流域各断面监测结果

点位名称	北纬/(°)	东经/(°)	与入海口距离/m	7 月		11 月	
				总氮/(mg·L⁻¹)	总磷/(mg·L⁻¹)	总氮/(mg·L⁻¹)	总磷/(mg·L⁻¹)
M1	22.209 2	108.612 1	6 499	1.45	0.1	1.72	0.08
M2	22.159 5	108.560 4	5 419	0.828	0.07	1.25	0.01
M3	22.127 8	108.448 4	5 100	0.58	0.04	1.17	0.06
M4	22.056 0	108.561 3	3 200	0.336	0.06	1.2	0.04
M5	21.981 5	108.522 3	1 950	0.64	0.06	0.95	0.04
M6	21.916 4	108.467 7	980	0.64	0.07	0.89	0.05
M7	21.867 8	108.442 8	400	0.744	0.25	0.83	0.07
R_s	—	—		−0.41	0.11	−0.96	−0.05
变化趋势				不显著	不显著	显著下降	不显著

注：引自 2019 年广西海洋环境监测中心站监测结果。

①各断面总氮变化情况

由图 8.2-5 可见，茅岭江干流总氮自上游到下游呈现下降趋势，其中 7 月和 11 月呈现显著下降趋势。大寺江监测断面（M3）总氮 11 月监测结果为 1.17 mg/L，约为

7月监测结果的2倍，主要是因为11月为枯水期，茅岭江流域水量较小，而周边城镇生活排污不便，导致总氮升高。冲仑江断面总氮较干流浓度略高，主要是受周边茅岭镇工业企业排污的影响。

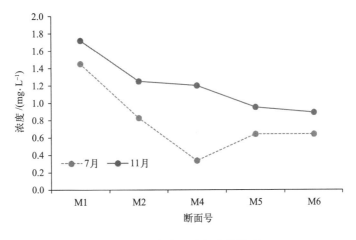

图8.2-5　各断面总氮变化情况

②各断面总磷变化情况

由图8.2-6可见，茅岭江干流总磷自上游到下游总体上略有下降，7月和11月变化趋势都不明显。大寺江监测断面(M3)总氮11月监测结果为0.06 mg/L，7月监测结果为0.04 mg/L，说明总磷也受到枯水期流量减小的影响。冲仑江监测断面(M7)7月总磷高达0.25 mg/L，超过《地表水环境质量标准》Ⅲ类标准，主要是受附近工业企业排污的影响。

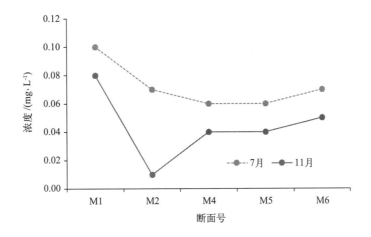

图8.2-6　各断面总磷变化情况

8.3 茅岭江携带入海污染物量及变化趋势

8.3.1 污染物入海通量的估算

茅尾海水域的污染状态是在径流、潮流、风浪等多动力影响下，由自然界生物和人类活动干扰等多因素决定的，其中污染源的输入最为关键，尤以河流输入为主。由于河流流量年际变化较大，且断面位置存在差异，监测结果也变化较大，因此，不同单位根据各自理解对流量数据和水质监测浓度进行处理，得出的污染物入海通量估算结果也存在较大的差异。鉴于广西海洋部门发布的海洋环境质量公报（海洋公报）中给出的广西各入海河流的污染物入海通量年际变化较大，马进荣（2019）在前人方法的基础上系统分析了对流量数据和浓度数据进行修正后的入海污染物通量计算结果。

污染物通量计算的基本方法为浓度和流量的乘积（郝晨林等，2012），浓度和流量都是对应某一时间长度的平均值。马进荣等（2019）采用断面月平均浓度值和收集到的月平均流量值计算入海通量，由于其收集到的流量不包括滩营江和冲仑河两条支流的流量，作者采用相邻流域的降雨径流关系简单类比估算法对月流量数据进行修正。对长敦断面和茅岭大桥断面监测数据进行处理，通过比较发现，茅岭江大桥断面污染物通量基本能反映茅岭江全流域的入海污染物通量，但计算时需配合计算同时段的滩营江和冲仑江时段平均流量值。

根据马进荣等2019年的研究结果，在考虑流量修正和浓度修正的情况下，采用3种方法估算通量，其中"简法一"得出的通量值明显小于另外两种方法；"月均修正"与"年均修正"差别不显著。除2013年海洋公报的通量值与估算值差别显著外，其他3个年份的估算值与公报值偏差不大。具体见表8.3-1。

表8.3-1　不同计算方案下进入茅岭江的年化学需氧量通量值（t）

年份	海洋公报数据	马进荣等研究结果			广西海洋站计算结果
		简法一	月均修正	年均修正	
2013	128 238	40 273	54 162	53 086	4 779
2014	37 855	29 365	44 253	44 399	4 807
2015	26 105	19 079	25 658	26 766	4 666
2016	43 443	23 124	31 099	34 294	5 749

注：引自马进荣等（2019）研究结果。

广西海洋环境监测中心站历年来均采用多年平均流量乘以污染物年均浓度的方法计算各独流入海河流的入海通量。该方法未考虑黄屋屯水文站下游滩营河和冲仑江两条支流汇入的流量，相比马进荣等 2019 年的入海通量计算方法相对粗略，但其估算值年际波动幅度小于海洋公报及马进荣等的计算结果，本书采用该站计算数据进行趋势分析。

8.3.2　入海污染物量变化趋势

2018 年携带入海污染物 5 526 t，其中，化学需氧量 3 612 t，总氮 1 772 t，总磷127 t，重金属 7 t。2008—2018 年的常规监测结果见表8.3-2，计算河流入海污染物量用到的径流量根据河流入海断面所在位置进行相应推算。入海污染物量变化趋势采用秩相关系数法进行分析，茅岭江携带入海污染物量总量变化趋势不显著，但茅岭江总磷呈显著下降趋势。

表 8.3-2　2006—2018 年茅岭江携带入海污染物量(t/a)

年份	化学需氧量	总氮	总磷	石油类	重金属	合计	氨氮
2008	3 414	1 404	267	——	9	5 094	519
2009	3 126	1 229	218	12	2	4 587	440
2010	3 672	1 574	248	——	42	5 536	589
2011	3 369	2 292	173	2	4	5 840	727
2012	5 584	2 444	160		2	8 190	911
2013	4 779	2 791	120	6	——	7 696	618
2014	4 807	1 813	129	11	——	6 760	607
2015	4 666	2 091	212	12	8	6 989	532
2016	5 749	2 134	157	2	3	8 045	626
2017	3 720	1 686	210	9	3	5 628	427
2018	3 612	1 772	127	8	7	5 526	378
R_s	0.47	0.31	-0.63			0.43	-0.22
变化趋势	不显著	不显著	显著下降	——	——	不显著	不显著

注：数据来源于《广西近岸海域海洋环境质量报告书(2008—2018)》(广西海洋环境监测中心站)。

8.4　茅岭江流域污染来源

茅岭江的污染物主要来源于沿岸工业企业排污、城镇生活废水排放、农村生活排污、农业种植流失、畜禽养殖排污及水产养殖排污。考虑到茅岭江的污染特点，污染源的统计以化学需氧量、氨氮、总氮、总磷为指标，污染物入河量调查包含整个茅岭江流域的入河污染源。

8.4.1 流域各污染源基本情况

茅岭江流域内各污染源的基本情况见表8.4-1。

表8.4-1 茅岭江流域污染源基本情况

污染源	指标			钦州市	防城港市	合计
工业情况	企业数量/个			29	6	35
	工业总产值/亿元			13.352	3.504	16.856
污水处理厂	数量/座			8	1	9
	合计设计处理能力/(t·d⁻¹)			7 500	20 000	27 500
城镇人口	人数/万人			15.58	0.84	16.43
农村人口	人数/万人			60.40	5.31	65.71
种植业	水田/万亩			16.32	2.93	19.25
	旱地/万亩			43.48	6.41	49.89
	园地/万亩			41.79	0.88	42.68
	合计/万亩			101.59	10.22	111.82
畜禽养殖 （万头或万只）	猪	出栏	总计	24.64	3.99	28.63
			其中：规模化	1.08	0.67	1.75
		存栏		23.87	1.88	25.75
	牛	出栏		2.12	0.11	2.23
		存栏		5.13	0.07	5.20
	羊	出栏		0.78	0.040	0.82
		存栏		0.44	0.022	0.46
	鸡	出栏		2 719.12	44.73	2 763.85
		存栏		1 216.18	22.32	1 238.50
	鸭	出栏		347.36	22.91	370.27
		存栏		176.43	11.52	187.95
	鹅	出栏		43.03	7.99	51.02
		存栏		29.10	4.07	33.17
水产养殖	产量/万t			19 430	3 622	23 052

注：引自《广西近岸海域水环境质量变化及保护对策研究》（广西海洋环境监测中心站，2013年11月）（污水处理厂、城镇人口及农村人口数据除外）。

8.4.2 流域各类污染源污染物排放情况

（1）工业污染源

直排工业污染源及污水处理厂排放化学需氧量、氨氮等污染物量的情况，直接采用环境统计数据。茅岭江流域列入环境统计且有废水排入其中的直排工业企业有35家，其中钦州市有29家，防城港市有6家，工业企业的总产值达16.856亿元，年排工业污水量610.77万t，污染物量743.60 t，占本流域内各类污染源排放污染物总量的2.12%，包括化学需氧量722.50 t、氨氮21.10 t。其中，钦州市排放化学需氧量467.30 t、氨氮11.89 t，防城港市排放化学需氧量255.20 t、氨氮9.21 t。钦州市排放污染物总量占流域直排工业污染源污染物排放量的64.4%。防城港虽然只有6家企业，但其排污占比达到35.6%，且其均位于茅岭江入海口左岸，污染物直接排入茅岭江，未得到充分稀释降解即排海，对茅尾海影响较大。

（2）城镇生活污染源

①流域城镇污水处理厂建设情况

茅岭江流域分布有13个乡镇，目前有8个镇建成污水处理厂，合计处理规模27 500 t/d，但由于部分镇级污水处理厂"重厂轻网"，设计规模偏大、管网建设不足，进水浓度低、水量小等情况比较普遍，同时因缺技术人员管理、缺运行维护费用、故障率高等原因，污水处理设施运转效率低甚至处于停运状态。已建成运行的镇级污水处理厂年平均负荷低于50%。

②直排环境的城镇生活污染源排放量核算方法

城镇生活源污染物排放量按《第一次全国污染源普查城镇生活源产排污系数手册》的相关系数核算。各县/区、乡镇的城镇人口数来源于当地统计部门的统计数据，污水处理方式、处理率等情况由调查所得。城镇生活污染物产生量根据下列公式计算：

$$W_{排放} = N \times C \times 365 \times 10^{-3}$$

式中：$W_{排放}$——生活污染物排放量（kg/a）；

$\quad\quad N$——常住人口（人）；

$\quad\quad C$——生活污染物排污系数［g/（人·d）］，按《第一次全国污染源普查城镇生活源产排污系数手册》的相关系数取值。

③纳入镇污水处理厂的城镇生活污染源排放量核算方法

目前，流域内已建成的9座污水处理厂规模合计27 500 t/d，其运营负荷率最大按50%计算，则9座污水处理厂处理污水量约13 750 t/d(501.88万 t/a)，其中钦州市3 750 t/d(136.88万 t/a)，防城港市10 000 t/d(365万 t/a)，经处理后的污水达到《城镇污水处理厂排放标准》一级B标准后排入茅岭江。根据进入镇污水处理厂的城镇生活污水量及其执行标准计算该部分城镇生活污水污染物排放量。

④城镇生活污染源排放污染物情况

茅岭江流域分布有13个乡镇，2019年流域城镇人口为16.43万人，根据《第一次全国污染源普查城镇生活源产排污系数手册》的相关系数核算，年排生活污水917.47万 t，其中177.03万 t排入镇污水处理厂，剩余740.44万 t直排。茅岭江流域城镇生活污染源年排放量核算结果见表8.4-2。

表8.4-2 茅岭江流域城镇生活污染源年排放量核算结果

排放方式	水量/万 t	化学需氧量/t	氨氮/t	总氮/t	总磷/t	污染物量合计/t
直排环境	740.44	2661.72	372.64	469.43	35.81	3 539.61
排入镇污水处理厂	177.03	106.22	26.55	35.41	1.77	169.95
合计	917.47	2 767.94	399.20	504.84	37.58	3 709.56

综上可知，茅岭江流域年排放城镇生活污水917.47万 t，排放污染物3 709.56 t，占总排放量的10.56%，其中化学需氧量2 767.94 t、氨氮399.20 t、总氮504.84 t、总磷37.58 t。直排环境污染物总量占流域污染物总量的95.4%。

(3)农村生活污染源

①农村生活污染源核算方法

农村生活源污染物排放量按《太湖流域水质目标管理技术体系研究》中的核算方法进行核算。各县/区、乡镇农村人口数来源于当地统计部门的统计数据，污水处理方式、处理率等情况由调查所得。农村生活源污染物排污系数按《太湖流域水质目标管理技术体系研究》的相关系数取值(陈群英等，2016)。农村生活污染物排放量的计算公式与城镇生活污染物排放量的计算公式相同。

②农村生活污染源排放污染物情况

2019年茅岭江流域农村人口为65.71万人，年排污水量3 597.86万 t，年排污染物11 736.23 t，占总排放量的33.41%，包括化学需氧量7 963.26 t、氨氮926.81 t、总氮2 615.94 t、总磷230.21 t。其中，钦州市农村生活污染源污染物排放总量占91.9%。

9.1.7 环境监测监管能力不足

目前，农村环境监管主要关注的是工业企业和规模畜禽养殖、秸秆禁烧，对于农业面源污染等关注较少，对于农村生活污水、垃圾治理是否需要监管模糊不清。各地针对农村地区环境监管，主要沿用工业点源的监管模式，对大量农业面源污染缺少监督管理机制，对于农村环境质量和污染源如何监测监管，相关技术规范和管理机制还不健全。

同时，农村生态环境监测网络建设还不够完善，仍存在监测不全面、各部门数据未整合、规范标准不统一、信息发布不统一等问题，乡镇及广大农村未得到有效覆盖。基层环保监管能力仍然薄弱，基层环保技术人员和仪器设备缺口较大，环保管理人员严重不足，难以满足环保精细化管理要求。农村环保体制机制仍有待完善，部分地方政府尚未建立农村环境综合整治工作的有效推进机制，农民群众主体作用未得到充分发挥；农村环境治理市场化机制亟待建立，社会资本参与度不高；农村环保标准体系不健全，农村生活污水处理污染物排放标准、农村生活垃圾处理处置技术规范等尚未印发实施；农村环境监测尚未全面开展，无法及时掌握农村环境质量状况和变化情况。大气、水、土壤、固体废物、能源等关键领域问题有待进一步解决。

9.2 茅岭江全流域水环境容量与总量分配

9.2.1 茅岭江流域总量分配计算

（1）水质模型

采用 CSTR 模型法对茅岭江流域的水环境容量和总量分配进行计算，以水质目标要求进行茅岭江流域总量分配量、削减量计算和分析。

（2）河流概化

茅岭江流域主要水系见图 9.2-1。经过概化纳入计算的河段共计 238.2 km，能够代表茅岭江流域河流水系的总体状况。

（3）茅岭江流域水功能区划及水质目标

根据钦州市和防城港市水功能区划，茅岭江概化河流的水功能区划分见图 9.2-2。从图 9.2-2 中可以看出，茅岭江流域以Ⅲ类水质为主。

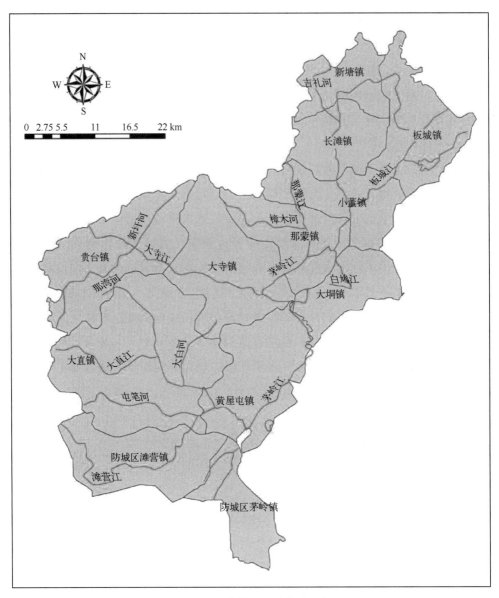

图 9.2-1　茅岭江流域水系示意

(4)设计水文条件

根据茅岭江黄屋屯水文站实测资料统计，茅岭江90%保证率月均流量和多年平均流量见表9.2-1。根据茅岭江设计流量与流域面积之间的关系，计算各乡镇和街道的汇水流量。本研究以90%保证率月均流量作为点源分配的主要依据，以多年平均流量作为面源分配的主要依据。

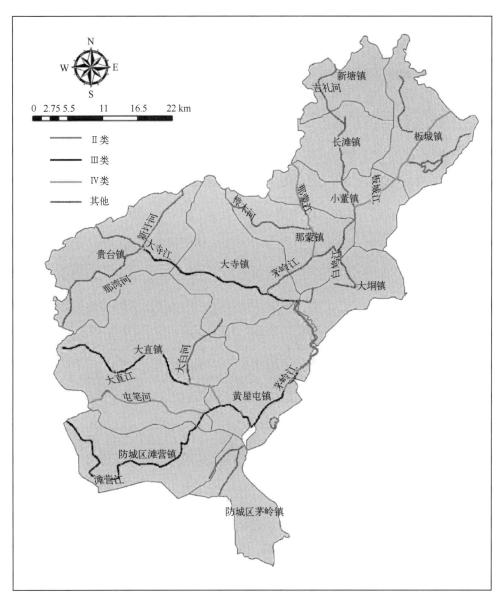

图 9.2-2　茅岭江流域水环境功能区划情况示意

表 9.2-1　茅岭江流域水文站设计流量

类别	茅岭江
流域面积/km²	1 826
90%保证率月均流量/(m³·s⁻¹)	4.74
多年平均流量/(m³·s⁻¹)	56.93

（5）控制单元水文参数

根据概化后的河流划分控制单元，按各区、乡镇统计，各控制单元的水文设计情况见表9.2-2。

表9.2-2 茅岭江流域控制单元的设计水文条件

所在城市	区	控制单元	90%保证率月均流量/(m³·s⁻¹)	多年平均流量(m³·s⁻¹)
钦州市	钦北区	新棠镇	0.26	3.12
		长滩镇	0.31	3.77
		小董镇	0.37	4.49
		板城镇	0.46	5.49
		大垌镇	0.39	4.68
		那蒙镇	1.02	12.22
		大寺镇	0.63	7.51
		贵台镇	0.65	7.83
		大直镇	1.12	13.44
	钦南区	黄屋屯镇	0.56	6.73
防城港市	防城区	滩营镇	1.30	15.59
		茅岭镇	0.28	3.34

注：钦南区康熙岭镇已纳入钦江流域水环境容量与总量分配计算，本节不纳入。

9.2.2 污染物总量分配结果

以控制单元为单位，分点源和面源两种类型，开展茅岭江流域水环境容量计算和污染物总量分配。其中，点源包括工业源、规模化养殖场、城镇生活源，面源包括农村生活污染源、分散畜禽养殖污染源、种植业和水产养殖污染源。

（1）总量分配结果

将控制单元按各区、乡镇统计，茅岭江流域污染物的总量分配结果见表9.2-3至表9.2-5。从中可以看出，茅岭江流域点源污染物氧化学需氧量、氨氮、总氮和总磷的分配结果为 2 918.65 t/a、99.36 t/a、208.95 t/a 和 6.61 t/a，面源污染物化学需氧量、氨氮、总氮和总磷的分配结果为 4 087.35 t/a、222.43 t/a、710.04 t/a 和 58.44 t/a。茅岭江流域总污染源污染物化学需氧量、氨氮、总氮和总磷的总量分配结果为 7 006 t/a、321.79 t/a、918.99 t/a 和 65.05 t/a。

（4）种植业污染源

流域种植业污染源排放污染物量核算方法见本书第 4.2.3 节，茅岭江流域共有耕地面积 111.82 万亩，其中水田 19.25 万亩，旱地 49.89 万亩，园地 42.68 万亩，污染物年流失（排放）量 2 702.42 t，占总排放量的 7.69%，包括化学需氧 1 581.81 t、氨氮 169.68 t、总氮 818.61 t、总磷 132.32 t。其中，茅岭江流域中种植业流失污染物排放总量中钦州市的占 91.0%。

（5）畜禽养殖污染源

畜禽养殖业污染源排放污染物量核算方法见本书第 4.1.4 节。按总养殖情况进行统计（即包括规模化养殖和散养），茅岭江流域范围内年共出栏生猪 28.63 万头，存栏 25.75 万头；出栏肉牛 2.23 万头，存栏 5.20 万头；出栏羊 0.82 万只，存栏 0.46 万只；出栏鸡 2 763.85 万只，存栏 1238.50 万只；出栏鸭 370.27 万只，存栏 187.95 万只；出栏鹅 51.02 万只，存栏 33.17 万只。年排污染物量 15 547.81 t，占总排放量的 44.26%，其中化学需氧量 13 649.25 t、氨氮 445.39 t、总氮 1 054.76 t、总磷 398.42 t。

流域中：有规模化养殖场 8 家，主要分布在钦州市的大垌镇、大寺镇和贵台镇以及防城港市的茅岭镇，养殖品种全部为生猪，年养殖量为 1.75 万头，占生猪养殖出栏量的 5.94%。其排放的污染物量为 195.37 t，占畜禽养殖污染物排放量的 1.26%。由此可见，畜禽养殖以散养为主，规模化养殖比例低。

按养殖品种计，排放污染物量最多的是鸡，年排放量为 6 512.08 t，占畜禽养殖污染物排放量的 41.88%。其次是猪，污染物年排放量为 5 503.40 t，占畜禽养殖污染物排放量的 35.40%。

按行政区域统计，畜禽养殖污染大部分来源于钦州市，其污染物排放量为 14 478.38 t，占畜禽养殖污染物排放量的 93.12%。

（6）水产养殖污染源

水产养殖业污染物排放量核算方法见本书第 4.2.4 节。经计算，茅岭江流域水产养殖年产量为 23 052 t，其中鱼类年养殖量为 22 757 t，主要养殖四大家鱼。年排污染物量为 686.41 t，占总排放量的 1.95%，其中化学需氧量 619.92 t、总氮 58.19 t、总磷 8.30 t。

（7）茅岭江流域各行业污染物排放量汇总

茅岭江流域各行业污染物排放量汇总见表 8.4-3。

表8.4-3 茅岭江流域各行业污染物排放量汇总

污染源	统计指标	钦州市				防城港市				流域合计				
		化学需氧量	氨氮	总氮	总磷	化学需氧量	氨氮	总氮	总磷	化学需氧量	氨氮	总氮	总磷	合计
工业直排	排放量/(t·a⁻¹)	467.30	11.89	0.00	0.00	255.20	9.21	0.00	0.00	722.50	21.10	0.00	0.00	743.60
	比例/(%)	1.85	0.66	0.00	0.00	12.17	5.94	0.00	0.00	2.65	1.08	0.00	0.00	2.12
城镇生活	排放量/(t·a⁻¹)	2 717.57	389.50	492.18	36.82	50.37	9.70	12.66	0.76	2 767.94	399.20	504.84	37.58	3 709.56
	比例/(%)	10.78	21.55	10.60	4.84	2.40	6.25	3.09	1.66	10.14	20.34	9.99	4.66	10.56
农村生活	排放量/(t·a⁻¹)	7 319.76	851.92	2 404.55	211.60	643.51	74.90	211.39	18.60	7 963.26	926.81	2 615.94	230.21	11 736.23
	比例/(%)	29.04	47.14	51.80	27.80	30.69	48.29	51.51	40.72	29.16	47.23	51.78	28.53	33.41
种植业	排放量/(t·a⁻¹)	1 440.64	158.29	733.49	125.84	141.17	11.39	85.12	6.47	1 581.81	169.68	818.61	132.32	2 702.42
	比例/(%)	5.71	8.76	15.80	16.53	6.73	7.34	20.74	14.16	5.79	8.65	16.20	16.40	7.69
畜禽养殖	排放量/(t·a⁻¹)	12 740.31	395.49	962.73	379.84	908.95	49.90	92.02	18.58	13 649.25	445.39	1 054.76	398.42	15 547.81
	比例/(%)	50.54	21.89	20.74	49.90	43.36	32.17	22.42	40.67	49.99	22.70	20.88	49.38	44.26
水产养殖	排放量/(t·a⁻¹)	522.65	0.00	49.03	7.03	97.28	0.00	9.16	1.27	619.92	0.00	58.19	8.30	686.41
	比例/(%)	2.07	0.00	1.06	0.92	4.64	0.00	2.23	2.78	2.27	0.00	1.15	1.03	1.95
合计		25 208.23	1 807.09	4 641.98	761.13	2 096.48	155.10	410.35	45.68	27 304.68	1 962.18	5 052.34	806.83	35 126.03

综上所述，茅岭江流域内，排放污染物量最多的污染源是畜禽养殖业，年排污染物量为 15 547.81 t，占 44.21%；农村生活源排放污染物量位居第二，年排放污染物量为 11 736.23 t，占 33.41%。二者合计达 77.64%。具体见图 8.4-1 和图 8.4-2。按行政区域进行分析，钦州市排放的污染物量大，为 31 811.9 t，占 91.8%。

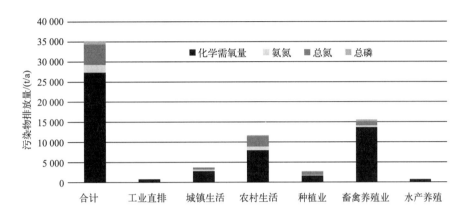

图 8.4-1　各污染源污染物排放量情况

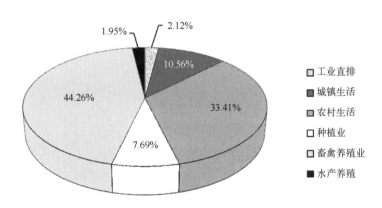

图 8.4-2　各污染源排放污染物量比例

8.4.3　茅岭江流域污染物入河量

(1)污染物入河量计算方法

流域内排放到环境内的某种污染源某种污染物有多大比例能够进入水体，即入河量与排放量之比为某种污染源污染物入河系数。根据现场调查结果，结合《太湖流域水质目标管理技术体系研究》成果，确定流域内各种污染源各种污染物的入河系数。

流域内牲畜养殖大部分采取了干清粪方式+农田、果园利用或产生沼气的养殖方式，污染物不直接排入外界环境，故牲畜养殖入河系数取0.2；而家禽养殖大部分采取了干清粪＋生产有机肥的方式处理，故家禽养殖入河系数取0.1。畜禽养殖入河系数取值较太湖流域的入河系数低，而其他污染源污染物入河系数与太湖流域的入河系数相同，具体如表8.4-4所示。某种污染源所排放的某种污染物量乘以某种污染源污染物入河系数即得某种污染源污染物入河量。

表8.4-4 各类污染源污染物的入河系数

项目	工业	污水处理厂	城镇生活	农村生活	种植业	畜禽养殖	水产养殖
化学需氧量	1	1	0.6~0.9	0.1	0.2	0.1~0.2	0.7
氨氮	1	1	0.6~0.9	0.1	0.2	0.1~0.2	0.7
总氮	1	1	0.6~0.9	0.1	0.2	0.1~0.2	0.7
总磷	1	1	0.6~0.9	0.1	0.2	0.1~0.2	0.7

注：引自陈群英等(2016)。

污染物入河总量计算公式为

$$W_{总入河} = \sum_{i=1}^{m} \sum_{j=1}^{n} w_{排放ij} \times \varphi_{ij}$$

式中：$W_{总入河}$——污染物入河总量(kg/a)；

i——某种污染源；

j——某种污染物；

$w_{排放ij}$——第i种污染源第j种污染物的排放量(kg/a)；

φ_{ij}——第i种污染源第j种污染物入河系数。

（2）茅岭江流域污染物入河情况

茅岭江的各类污染物的入河量合计为8 318.05 t/a，4种污染物中，化学需氧量入河量最大，占入河总量的78.7%；其次是总氮，占入河总量的12.9%。各污染源中，城镇生活污染源污染物入河量最大，为3 125.53 t/a，占总入河污染物量的37.58%；其次为畜禽养殖，污染物入河量为2 254.33 t/a，占入河总量的27.1%；第三为农村生活污染源，污染物入河量为1 173.62 t/a，占入河总量的14.11%；其他污染源排入的污染物入河量较少，合计所占比例为21.22%。具体见表8.4-5。

表 8.4-5　茅岭江流域各行业污染物入河情况一览表

污染源	统计指标	钦州市 化学需氧量	钦州市 氨氮	钦州市 总氮	钦州市 总磷	防城港市 化学需氧量	防城港市 氨氮	防城港市 总氮	防城港市 总磷	流域合计 化学需氧量	流域合计 氨氮	流域合计 总氮	流域合计 总磷	合计
直排工业	入河量/(t·a⁻¹)	467.30	11.89	/	/	255.20	9.21	/	/	722.50	21.10	/	/	743.60
	入河量占比/%	7.89	2.26	/	/	41.27	24.40	/	/	11.04	3.74	/	/	8.94
城镇生活	入河量/(t·a⁻¹)	2 282.73	328.62	415.49	30.98	46.03	9.09	11.9	0.69	2 329.03	337.71	427.38	31.67	3 125.53
	入河量占比/%	38.52	62.34	41.54	24.40	7.44	24.09	16.10	9.08	35.58	59.78	39.79	23.53	37.58
农村生活	入河量/(t·a⁻¹)	731.98	85.19	240.46	21.16	64.35	7.49	21.14	1.86	796.22	92.68	261.59	23.02	1 173.62
	入河量占比/%	12.35	16.16	24.04	16.66	10.41	19.85	28.59	24.47	12.17	16.41	24.35	17.10	14.11
种植业	入河量/(t·a⁻¹)	288.13	31.66	146.7	25.17	28.23	2.28	17.02	1.29	316.36	33.94	163.72	26.46	540.48
	入河量占比/%	4.86	6.01	14.67	19.82	4.57	6.04	23.02	16.97	4.83	6.01	15.24	19.66	6.50
畜禽养殖业	入河量/(t·a⁻¹)	1 790.1	69.8	163.23	44.75	156.45	9.67	17.46	2.87	1 946.55	79.47	180.69	47.62	2 254.33
	入河量占比/%	30.21	13.24	16.32	35.24	25.30	25.62	23.62	37.76	29.74	14.07	16.82	35.38	27.10
水产养殖	入河量/(t·a⁻¹)	365.85	/	34.32	4.93	68.1	/	6.41	0.89	433.95	/	40.73	5.82	480.49
	入河量占比/%	6.17	/	3.43	3.88	11.01	/	8.67	11.71	6.63	/	3.79	4.32	5.78
合计/(t·a⁻¹)		5 926.09	527.16	1 000.2	126.99	618.36	37.74	73.93	7.6	6 544.61	564.9	1 074.11	134.59	8 318.05

（3）流域内各污染因子入河负荷分布情况分析

流域内各污染因子入河负荷分布情况见表8.4-6至表8.4-9。

表8.4-6　茅岭江流域各污染源化学需氧量入河负荷（t·a⁻¹）

区	工业直排	城镇生活	农村生活	农业种植	畜禽养殖	水产养殖	合计
钦北区	143.1	1 861.4	596.64	234.84	1 459.3	323.57	4 618.85
钦南区	324.2	421.6	135.23	53.29	330.8	42.28	1 307.4
防城区	255.2	46.03	64.35	28.23	156.45	68.1	618.36
合计	722.5	2 329.03	796.22	316.36	1 946.55	433.95	6 544.61

表8.4-7　茅岭江流域各污染源氨氮入河负荷（t·a⁻¹）

区	工业直排	城镇生活	农村生活	农业种植	畜禽养殖	水产养殖	合计
钦北区	0.29	267.88	69.48	25.77	56.90	—	420.32
钦南区	11.60	60.74	15.71	5.89	12.90	—	106.84
防城区	9.21	9.09	7.49	2.28	9.67	—	37.74
合计	21.1	337.71	92.68	33.94	79.47	—	564.9

表8.4-8　茅岭江流域各污染源总氮入河负荷（t·a⁻¹）

区	工业直排	城镇生活	农村生活	农业种植	畜禽养殖	水产养殖	合计
钦北区	—	338.77	196.36	119.83	132.99	30.49	818.44
钦南区	—	76.71	44.09	26.87	30.24	3.83	181.74
防城区	—	11.9	21.14	17.02	17.46	6.41	73.93
合计	—	427.38	261.59	163.72	180.69	40.73	1 074.11

表8.4-9　茅岭江流域各污染源总磷入河负荷（t·a⁻¹）

区	工业直排	城镇生活	农村生活	农业种植	畜禽养殖	水产养殖	合计
钦北区	—	25.26	17.28	20.56	36.46	4.38	103.94
钦南区	—	5.72	3.88	4.61	8.29	0.55	23.05
防城区	—	0.69	1.86	1.29	2.87	0.89	7.6
合计	—	31.67	23.02	26.46	47.62	5.82	134.59

以下就污染物来源、污染物空间分布和主要工业行业污染物排放3个方面对茅岭江流域进行污染源解析。

①污染物来源

各污染源中，城镇生活化学需氧量入河量最高，年入河量达 2 328.76 t，约占流域化学需氧量总入河负荷的 35.6%；其次为畜禽养殖业，约占流域入河负荷的 29.7%。此外，农村生活和工业直排分别约占 12.2% 和 11.0%；水产养殖占 6.6%，农业种植化学需氧量入河负荷最小，仅约占流域总负荷的 4.8%（图 8.4-3）。

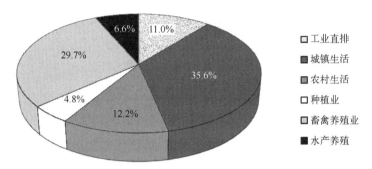

图 8.4-3 茅岭江流域化学需氧量污染源负荷

氨氮入河负荷主要来自城镇生活，其入河污染负荷占入河总量的 59.8%。农村生活次之，占 16.4%。此外，畜禽养殖业污染排放占 14.1%，农业种植占 6.0%，工业直排仅占 3.7%（图 8.4-4）。

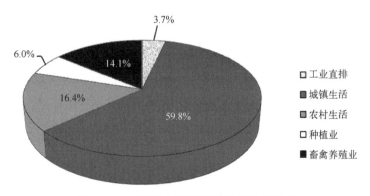

图 8.4-4 茅岭江流域氨氮污染源负荷组成

流域内总氮污染负荷主要来自城镇生活，其入河污染负荷占入河总量的 39.8%。农村生活次之，占 24.4%，畜禽养殖业占 16.8%，农业种植占 15.2%，水产养殖最少，仅占 3.8%（见图 8.4-5）。

流域内总磷污染负荷主要来自畜禽养殖业，其入河污染负荷占入河总量的 35.4%。城镇生活占 23.5%，农业种植和农村生活的总磷入河负荷相当，分别为 19.7% 和 17.1%，水产养殖最少，仅占 4.3%（见图 8.4-6）。

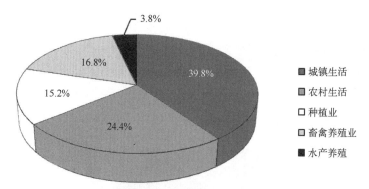

图 8.4-5　茅岭江流域总氮污染源负荷组成

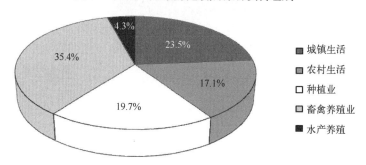

图 8.4-6　茅岭江流域总磷污染源负荷组成

②污染物空间分担

各区中，钦北区的化学需氧量贡献量最高，年达 3 787.37 t，占流域化学需氧量总入河负荷的 66.3%；其次为钦南区和防城区，占流域化学需氧量总入河负荷的 22.9% 和 10.8%（图 8.4-7）。

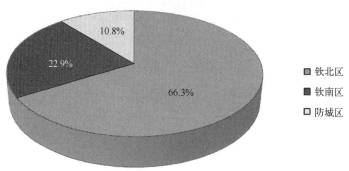

图 8.4-7　各区化学需氧量入河负荷分担组成

各区中，钦北区的氨氮贡献量最高，年达 420.32 t，占流域氨氮总入河负荷的 74.4%；其次为钦南区和防城区，占流域氨氮总入河负荷的 18.9% 和 6.7%（见图 8.4-8）。

各区中，钦北区的总氮贡献量最高，年达 818.44 t，占流域总氮总入河负荷的 76.2%；其次为钦南区和防城区，占流域总氮总入河负荷的 16.9% 和 6.9%（见图 8.4-9）。

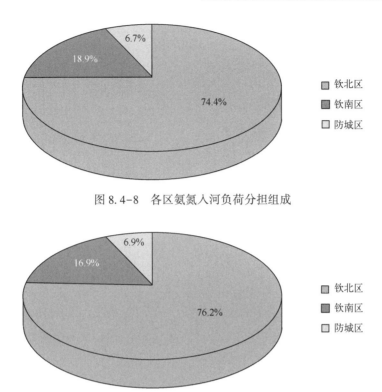

图 8.4-8　各区氨氮入河负荷分担组成

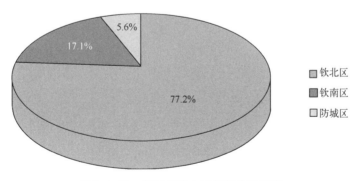

图 8.4-9　各区总氮入河负荷分担组成

各区中，钦北区的总磷贡献量最高，年达 103.94 t，占流域总磷总入河负荷的 77.2%；其次为钦南区和防城区，占流域总磷总入河负荷的 17.1% 和 5.6%(图 8.4-10)。

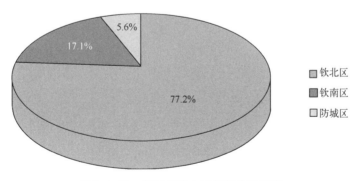

图 8.4-10　各区总磷入河负荷分担组成

③流域工业行业污染物排放

A. 行业废水污染物排放特征分析

经环境统计数据分析，茅岭江流域范围内工业废水污染物主要来自钦州市和防城港市，具体排放数据见表 8.4-10。

表 8.4-10 茅岭江流域各行业废水污染物排放情况

序号	行业	企业个数/个	产值/亿元	废水排放量/万t	废水排放占比/%	化学需氧量年排放量/t	化学需氧量排放占比/%	单位产值化学需氧量排放量/(t·亿元⁻¹)	氨氮排放量/t	氨氮排放占比/%	单位产值氨氮排放量/(t·亿元⁻¹)
1	造纸和纸制品业	2	1.142	336.000	86.7	340.690	47.2	298.46	13.440	63.7	11.77
2	农副食品加工业	3	3.594	24.761	6.4	254.588	35.2	70.84	7.446	35.3	2.07
3	医药制造业	1	1.119	23.400	6.0	6.610	0.9	5.91	/	/	/
4	皮革、毛皮、羽毛及其制品和制鞋业	2	0.749	3.105	0.8	120.318	16.7	160.62	0.200	0.9	0.27
5	化学原料和化学制品制造业	1	0.284	0.054	0.0	0.296	0.0	1.04	/	/	/
6	非金属矿物制品业	10	0.109	0.001	0.0	/	/	/	/	/	/
7	黑色金属冶炼和压延加工业	11	9.485	/	/	/	/	/	/	/	/
8	有色金属矿采选业	1	0.000	/	/	/	/	/	/	/	/
9	有色金属冶炼和压延加工业	4	0.375	/	/	/	/	/	/	/	/
10	合计	35	16.856	387.321	100.0	722.502	100.0	42.86	21.086	100.0	1.25

注：来源于环境统计数据。

茅岭江流域工业废水年排放总量为 387.321 万 t。主要废水排放行业为造纸和纸制品业、农副食品加工业和医药制造业，这 3 类行业累计占流域工业废水排放总量的 99.1%；其中又以造纸和纸制品业居首（86.7%），茅岭江流域范围内该行业仅有 2 家，废水排放量集中度较高。

茅岭江流域工业化学需氧量年排放总量为 722.502 t。主要化学需氧量排放行业为造纸和纸制品业、农副食品加工业和皮革、毛皮、羽毛及其制品和制鞋业，这 3 类行业累计占流域工业化学需氧量排放总量的 99.1%；其中，造纸和纸制品业单位产值化学需氧量排放量最大，为 298.46 t/亿元，是流域平均水平的 6 倍左右，皮革、毛皮、羽毛及其制品和制鞋业次之，为 160.62 t/亿元。

茅岭江流域工业氨氮年排放总量为 21.086 t。主要氨氮排放行业为造纸和纸制品业及农副食品加工业，这两类行业累计占流域工业氨氮排放总量的 99.0%；其中，造纸和纸制品业单位产值氨氮排放量最大，达到 11.77 t/亿元，高于流域平均水平。

B. 钦州市茅岭江流域工业废水排放特征分析

钦州市茅岭江流域工业废水年排放总量为 61.521 万 t。主要废水排放行业为农副食品加工业、医药制造业及造纸和纸制品业，这 3 类行业累计占流域工业废水排放总量的 95%（图 8.4-11）。

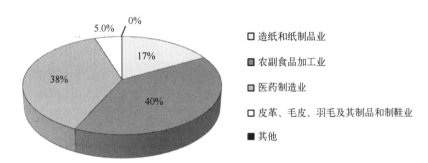

图 8.4-11　钦州市茅岭江流域工业废水排放特征（废水量占比）

其中，该市流域范围内化学需氧量年排放总量为 467.30 t，主要化学需氧量排放行业为农副食品加工业和皮革、毛皮、羽毛及其制品和制鞋业，这两类行业累计占流域工业化学需氧量排放总量的 95%（见图 8.4-12）；该市流域范围内氨氮年排放总量为 11.89 t，主要氨氮排放行业为农副食品加工业，占流域工业氨氮排放总量的 90%（见图 8.4-13）。

C. 防城港市茅岭江流域工业废水排放特征分析

防城港市茅岭江流域工业废水年排放总量为 325.8 万 t。涉及废水排放的行业只有制造业及造纸和纸制品业，其中，该行业化学需氧量年排放总量为 255.20 t，氨氮

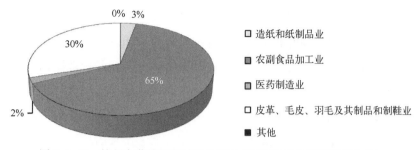

图 8.4-12　钦州市茅岭江流域工业废水排放特征(化学需氧量占比)

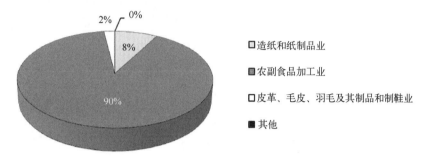

图 8.4-13　钦州市茅岭江流域工业废水排放特征(氨氮占比)

排放总量为 9.21 t。

(4)各类污染源入河情况分析

按污染源分类统计，城镇生活污染源污染物年入河量最大，为 3 125.53 t，占总入河污染物量的 37.6%；其次为畜禽养殖业，污染物年入河量为 2 254.33 t，占27.1%；第三为农村生活污染源，污染物年入河量为 1 173.62 t，占 14.1%；其他污染源排入的污染物入河量较少，合计所占比例为 21.2%。由此可见，茅岭江流域污染物主要来源于城镇生活、畜禽养殖业以及农村生活。具体见图 8.4-14 和图 8.4-15。

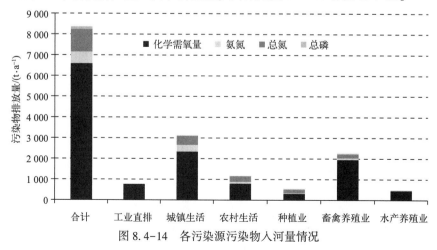

图 8.4-14　各污染源污染物入河量情况

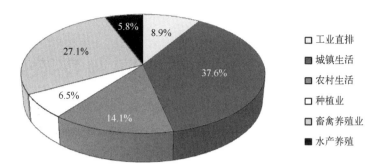

图 8.4-15 各污染源污染物入河量比例

茅岭江流域污染物主要来源于钦州市，钦州市入河量占总入河量的 90.55%。

化学需氧量最大来源于城镇生活，占 35.58%，其次是畜禽养殖业，占 29.74%；氨氮和总氮最大的来源是城镇生活，分别占 59.78% 和 39.79%，其次是农村生活，分别占 16.42% 和 24.35%；总磷最大的来源是畜禽养殖业，占 35.38%，其次是城镇生活，占 23.53%。

由此可见，茅岭江流域污染物主要来源于城镇生活、畜禽养殖业以及农村生活。

参考文献

陈群英，冼萍，蓝文陆，2016. 茅岭江流域入河污染源问题诊断及其防治对策研究[J]. 环境科学与管理，41(4)：37-42.

防城港市统计局，2020. 2019 年防城港市国民经济和社会发展统计公报[R].

防城县志编纂委员会，1993. 防城县志[R].

广西海洋环境监测中心站，2013. 广西近岸海域水环境质量变化及保护对策研究[R].

广西海洋环境监测中心站，2008—2018. 广西近岸海域海洋环境质量报告书[R].

郝晨林，邓义祥，汪永辉，等，2012. 河流污染物通量估算方法筛选及误差分析[J]. 环境科学学报，32(7)：1670-1676.

马进荣，程梦妍，廖文凯，等，2019. 广西茅岭江入海典型污染物通量估算方法[J]. 广西科学，26(3)：335-340.

钦州市地方志编纂委员会，2000. 钦州市志[R].

钦州市统计局，2020. 2019 年钦州市国民经济和社会发展统计公报[R].

上海复旦规划建筑设计研究院生态与环境战略研究所，2015. 广西北部湾规划实施以来北部湾环境问题反思研究[R].

第9章 茅岭江流域环境问题及治理方案

茅岭江虽然近年来年均水质均能稳定达标，但个别水期或月份仍存在超标现象，超标因子主要为化学需氧量及总磷，说明流域城镇生活、畜禽养殖、农村生活、工业企业排污等带来的污染仍不容小觑。

本章系在前述章节数据分析的基础上，结合现场调查的资料对茅岭江流域环境问题进行诊断，并采用 CSTR 模型法对茅岭江流域的水环境容量和总量分配进行计算，以水质目标要求进行茅岭江流域总量分配量、削减量计算和分析。在问题诊断和容量分配计算的基础上，提出了茅岭江全流域环境治理方案。

9.1 茅岭江流域环境问题诊断

9.1.1 城镇污水处理设施建设滞后或未正常运转，配套管网不完善

近年来，茅岭江流域生活污水处理设施等环保基础建设水平虽已大幅度提高，但实际处理效果和需求仍存在差距，污水处理问题依然突出。流域内镇级污水处理厂未普及，目前流域内有 5 个镇还未建成污水处理厂，未建设有污水处理厂的乡镇生活污水基本通过分散式排放进入茅岭江或其支流，需建设污水处理厂处理生活污水直排的问题。

此外，已建成运行的镇级污水处理厂年平均负荷低于 50%。部分镇级污水处理厂"重厂轻网"，设计规模偏大、管网建设不足，进水浓度低、水量小等情况比较普遍，同时因缺技术人员管理、缺运行维护费用、故障率高等原因，污水处理设施运转效率低甚至处于停运状态。部分镇级污水处理厂未与生态环境主管部门的监控设备联网，已联网的个别污水处理厂的自动监控设备数据存在异常。

9.1.2 畜禽养殖对河流水质产生不良影响

"十三五"期间，钦州市和防城港市深化了对畜禽养殖污染的治理，流域内的规模化养殖场基本完成了干清粪、雨污分流和废弃物综合利用改造。经调查，钦北区的规模化畜禽养殖大部分采取了干清粪，建设有堆粪场、废水收集池、沼气池、沼液储存

池，并经氧化塘处理后农灌。尚有部分规模化养殖场采取水冲粪或半干清粪的方式。由于资金投入不足，缺乏充足的排污处理设备和配套设施，环境设施简陋，流域内的规模化养殖场污染治理能力有待提高，废水、臭味问题仍较突出。经调查，流域内规模化养殖废水处理模式主要为：采用废水收集池、沼气池、储液池、部分养殖场设有氧化塘；废水经过沼气池后，部分用于农灌和淋灌，部分用于养鱼，无法消纳的废水则直接排入到附近水体中；养殖粪便堆肥外卖。流域中规模养殖场突出和普遍存在的问题为雨污不分或污水收集沟是明渠，畜禽养殖粪便、沼液等贮存设施场所无防渗漏、防溢流、防雨水等配套设施，下雨天容易被雨水冲入外界水体，造成水质污染。

茅岭江流域畜禽养殖以散养为主，流域生猪养殖量28.63万头，其中规模化养殖生猪量1.75万头，规模化养殖比例低。畜禽散养户呈现多、散、杂的特点，采用传统栏舍和传统湿喂、水冲洗的养殖方式占比依然较大。由于缺乏技术和资金，环保观念意识不强，大部分散户未建设相应的污染治理设施，畜禽养殖污水及动物粪便无序排放，经降水淋洗或排灌等形式排入附近支流后注入茅岭江，局部水质污染影响较严重，监管难度较大。

9.1.3　农村连片环境综合整治有待加强和持续开展

茅岭江流域农村人口65.71万人，随着美丽乡村建设和农村环境综合整治力度的加大，农村环境有明显改善。目前，部分行政村已建设了生活污水及垃圾收集处理设施，但现已建成的污水处理设施因缺技术人员管理、缺运行维护费用等，部分污水处理设施运转效率低甚至处于停运状态，据调查有60%的农村污水设施未能正常运转，生活污水通过管网泄漏或未经处理直排。

除了部分乡村列入广西农村环境连片整治示范村项目，流域其他行政村尚未建有农村污水处理设施。经调查，茅岭江流域的农村各家各户普遍自建简易化粪池或沼气池处理生活污水，但化粪池出水没有去处。农村施肥普遍直接购买化学肥料，而少有人利用粪水施肥。生活污水通过溢入土壤，或流到附近的水体或农田，从而被土地消纳或逐步污染地表水和地下水体。由于茅岭江流域上游农村、农业的比重较大，特别是近年养殖业快速发展，流域内畜禽养殖量大，散养比例高，农村生活污水和散养畜禽废水直接或间接排放进入茅岭江，给流域水环境带来了严重的压力。对于人口集中的村庄和茅岭江干流旁边的村庄，应加快污水处理设施的建设。

此外，随着农村环境连片整治以及"美丽广西、清洁乡村"活动的实施，流域内村庄基本设立了垃圾收集点，农村生活垃圾无序堆放的现象有所改善，但仍有部分垃圾无序堆放，经过雨水冲刷流入茅岭江支流及干流。

9.1.4 工业企业排污对河口水质影响较明显

流域内造纸和纸制品业及农副食品加工业废水排放量大，需要加强对相关企业的监管，确保其达标排放，同时做好这两类企业的污染减排工作。而茅岭镇位于流域最下游，茅岭镇上分布一家制浆造纸企业和一家副食品加工企业，两家企业排污量较大，且其排污口离入海口较近，排入茅岭江的污水还未得到充分降解即入海，对茅尾海影响较大。

9.1.5 农业种植污染不容忽视

当前，农业生产中农家肥已被农药、化肥所广泛取代，且片面追求规模数量而忽视农产品质量，盲目、不按科学要求喷药施肥，结果不仅造成化肥、农药利用率低，而且对农村土壤及水体环境造成严重污染。据钦州市农业局提供的资料，茅岭江流域主要作物总播种面积 111.82 万亩，年施用化肥 35 572 t（折纯），其中氮肥 12 833 t，磷肥 7 910 t。施用的化肥、农药易随地表径流进入河流，造成面源污染，农业污水比重呈上升态势，加剧了河流的污染程度。

9.1.6 流域产业结构有待优化

茅岭江在入海口段是钦州和防城港两市的界河，在防城港侧有规划的防城港工业园区茅岭组团，以发展东盟特色资源开发加工业为主导，积极发展与钢铁、能源工业相配套的上、下游产业及仓储物流产业，重点发展纸浆、钢材、制糖、冶金、建材、矿产、石油液化气和农产品精深加工。其中，纸浆、制糖和农产品精深加工业的生产过程中有机污染物、氨氮排放的强度较大，如果规模控制不合适也会对茅尾海带来较大的影响。

流域产业结构中农业比重偏大，以种植业和畜禽养殖业相对发达，而畜禽养殖业以分散养殖为主，规模化养殖的比例较低，低水平、分散性养殖污染大，监管难，亟待向集中养殖、规模化养殖加快发展。这种产业结构决定了流域水污染源以面源为主的特征，而区域经济发展缓慢，地方政府财力薄弱，污染防治的投资成为一大难题，且面源污染控制和环境监管难度都相对较大，保护水源的压力大。

9.1.7　环境监测监管能力不足

目前，农村环境监管主要关注的是工业企业和规模畜禽养殖、秸秆禁烧，对于农业面源污染等关注较少，对于农村生活污水、垃圾治理是否需要监管模糊不清。各地针对农村地区环境监管，主要沿用工业点源的监管模式，对大量农业面源污染缺少监督管理机制，对于农村环境质量和污染源如何监测监管，相关技术规范和管理机制还不健全。

同时，农村生态环境监测网络建设还不够完善，仍存在监测不全面、各部门数据未整合、规范标准不统一、信息发布不统一等问题，乡镇及广大农村未得到有效覆盖。基层环保监管能力仍然薄弱，基层环保技术人员和仪器设备缺口较大，环保管理人员严重不足，难以满足环保精细化管理要求。农村环保体制机制仍有待完善，部分地方政府尚未建立农村环境综合整治工作的有效推进机制，农民群众主体作用未得到充分发挥；农村环境治理市场化机制亟待建立，社会资本参与度不高；农村环保标准体系不健全，农村生活污水处理污染物排放标准、农村生活垃圾处理处置技术规范等尚未印发实施；农村环境监测尚未全面开展，无法及时掌握农村环境质量状况和变化情况。大气、水、土壤、固体废物、能源等关键领域问题有待进一步解决。

9.2　茅岭江全流域水环境容量与总量分配

9.2.1　茅岭江流域总量分配计算

（1）水质模型

采用 CSTR 模型法对茅岭江流域的水环境容量和总量分配进行计算，以水质目标要求进行茅岭江流域总量分配量、削减量计算和分析。

（2）河流概化

茅岭江流域主要水系见图 9.2-1。经过概化纳入计算的河段共计 238.2 km，能够代表茅岭江流域河流水系的总体状况。

（3）茅岭江流域水功能区划及水质目标

根据钦州市和防城港市水功能区划，茅岭江概化河流的水功能区划分见图 9.2-2。从图 9.2-2 中可以看出，茅岭江流域以Ⅲ类水质为主。

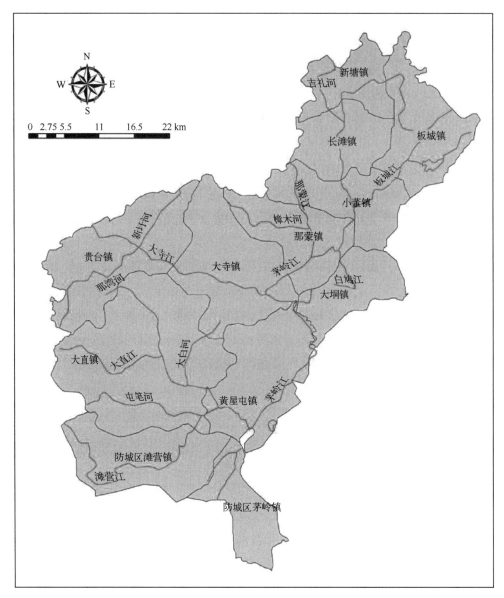

图 9.2-1 茅岭江流域水系示意

(4)设计水文条件

根据茅岭江黄屋屯水文站实测资料统计,茅岭江90%保证率月均流量和多年平均流量见表9.2-1。根据茅岭江设计流量与流域面积之间的关系,计算各乡镇和街道的汇水流量。本研究以90%保证率月均流量作为点源分配的主要依据,以多年平均流量作为面源分配的主要依据。

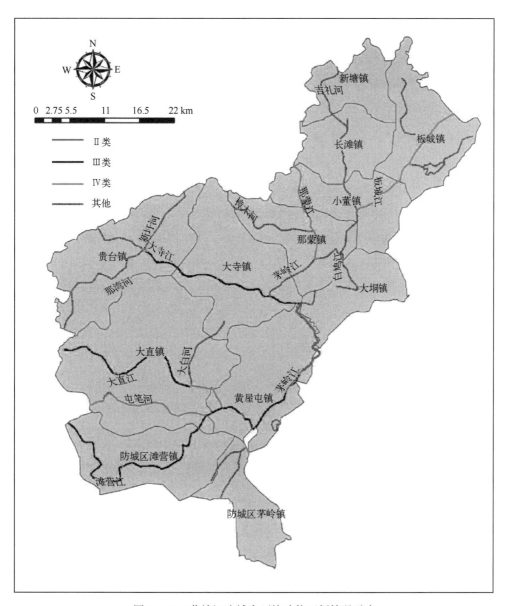

图 9.2-2　茅岭江流域水环境功能区划情况示意

表 9.2-1　茅岭江流域水文站设计流量

类别	茅岭江
流域面积/km²	1 826
90%保证率月均流量/(m³·s⁻¹)	4.74
多年平均流量/(m³·s⁻¹)	56.93

（5）控制单元水文参数

根据概化后的河流划分控制单元，按各区、乡镇统计，各控制单元的水文设计情况见表 9.2-2。

表 9.2-2　茅岭江流域控制单元的设计水文条件

所在城市	区	控制单元	90%保证率月均流量/(m³·s⁻¹)	多年平均流量(m³·s⁻¹)
钦州市	钦北区	新棠镇	0.26	3.12
		长滩镇	0.31	3.77
		小董镇	0.37	4.49
		板城镇	0.46	5.49
		大垌镇	0.39	4.68
		那蒙镇	1.02	12.22
		大寺镇	0.63	7.51
		贵台镇	0.65	7.83
		大直镇	1.12	13.44
	钦南区	黄屋屯镇	0.56	6.73
防城港市	防城区	滩营镇	1.30	15.59
		茅岭镇	0.28	3.34

注：钦南区康熙岭镇已纳入钦江流域水环境容量与总量分配计算，本节不纳入。

9.2.2　污染物总量分配结果

以控制单元为单位，分点源和面源两种类型，开展茅岭江流域水环境容量计算和污染物总量分配。其中，点源包括工业源、规模化养殖场、城镇生活源，面源包括农村生活污染源、分散畜禽养殖污染源、种植业和水产养殖污染源。

（1）总量分配结果

将控制单元按各区、乡镇统计，茅岭江流域污染物的总量分配结果见表 9.2-3 至表 9.2-5。从中可以看出，茅岭江流域点源污染物氧化学需氧量、氨氮、总氮和总磷的分配结果为 2 918.65 t/a、99.36 t/a、208.95 t/a 和 6.61 t/a，面源污染物化学需氧量、氨氮、总氮和总磷的分配结果为 4 087.35 t/a、222.43 t/a、710.04 t/a 和 58.44 t/a。茅岭江流域总污染源污染物化学需氧量、氨氮、总氮和总磷的总量分配结果为 7 006 t/a、321.79 t/a、918.99 t/a 和 65.05 t/a。

表 9.2-3 茅岭江流域点源污染物总量分配结果(t/a)

所在城市	区	乡镇、街道	化学需氧量	氨氮	总氮	总磷
钦州市	钦北区	新棠镇	92.67	7.51	10.30	0.74
		长滩镇	47.19	5.96	7.87	0.34
		小董镇	675.47	13.32	64.03	1.14
		板城镇	64.71	8.17	10.80	0.77
		大垌镇	172.46	8.94	13.73	1.32
		那蒙镇	318.30	21.29	28.14	0.28
		大寺镇	714.19	13.02	20.03	1.04
		贵台镇	60.04	7.61	10.19	0.11
		大直镇	274.03	5.69	30.46	0.31
		合计	2 419.06	91.51	195.55	6.05
	钦南区	黄屋屯镇	164.28	1.28	1.89	0.10
防城港市	防城区	滩营镇	71.68	1.45	2.63	0.17
		茅岭镇	263.63	5.12	8.88	0.29
		合计	335.31	6.57	11.51	0.46
总合计			2 918.65	99.36	208.95	6.61

表 9.2-4 茅岭江流域面源污染物总量分配结果(t/a)

所在城市	区	乡镇、街道	化学需氧量	氨氮	总氮	总磷
钦州市	钦北区	新棠镇	199.12	13.89	42.92	6.27
		长滩镇	364.02	17.55	56.38	11.88
		小董镇	575.02	26.00	78.44	3.35
		板城镇	376.28	24.40	76.50	9.58
		大垌镇	389.84	17.75	57.19	8.32
		那蒙镇	463.31	23.14	70.60	7.16
		大寺镇	512.17	28.07	91.60	2.69
		贵台镇	142.58	8.81	33.59	3.39
		大直镇	408.01	23.88	81.59	1.83
		合计	3 430.35	183.49	588.81	54.47
	钦南区	黄屋屯镇	309.17	18.61	57.88	1.09

所在城市	区	乡镇、街道	化学需氧量	氨氮	总氮	总磷
防城港市	防城区	滩营镇	200.74	12.24	37.95	0.78
		茅岭镇	147.09	8.09	25.40	2.10
		合计	347.83	20.33	63.35	2.88
总合计			4 087.35	222.43	710.04	58.44

表 9.2-5　茅岭江流域总污染源污染物总量分配结果（t/a）

所在城市	区	乡镇、街道	化学需氧量	氨氮	总氮	总磷
钦州市	钦北区	新棠镇	291.79	21.40	53.22	7.01
		长滩镇	411.21	23.51	64.25	12.22
		小董镇	1 250.49	39.32	142.47	4.49
		板城镇	440.99	32.57	87.30	10.35
		大垌镇	562.30	26.69	70.92	9.64
		那蒙镇	781.61	44.43	98.74	7.44
		大寺镇	1 226.36	41.09	111.63	3.73
		贵台镇	202.62	16.42	43.78	3.50
		大直镇	682.04	29.57	112.05	2.14
		合计	5 849.41	275.00	784.36	60.52
	钦南区	黄屋屯镇	473.45	19.89	59.77	1.19
防城港市	防城区	滩营镇	272.42	13.69	40.58	0.95
		茅岭镇	410.72	13.21	34.28	2.39
		合计	683.14	26.90	74.86	3.34
总合计			7 006.00	321.79	918.99	65.05

（2）现状负荷削减比例

为实现污染物总量控制目标，将控制单元按各区、乡镇统计，在 2015 年排放量的基础上，茅岭江流域污染物的削减比例见表 9.2-6 至表 9.2-8。从表中可以看出，茅岭江流域点源污染物总量化学需氧量、氨氮、总氮和总磷的削减比例为 8%、70%、48% 和 79%。面源污染物总量化学需氧量、氨氮和总氮的削减比例均为 0%，总磷的削减比例为 46%。茅岭江流域总污染源和污染物总量化学需氧量、氨氮、总氮和总磷的削减比例为 3%、42%、17% 和 54%。

表 9.2-6　茅岭江流域点源污染物总量削减比例

所在城市	区	乡镇、街道	化学需氧量	氨氮	总氮	总磷
钦州市	钦北区	新棠镇	5%	18%	10%	16%
		长滩镇	5%	15%	10%	50%
		小董镇	5%	87%	49%	88%
		板城镇	5%	15%	10%	16%
		大垌镇	5%	15%	10%	16%
		那蒙镇	5%	15%	10%	88%
		大寺镇	5%	87%	82%	88%
		贵台镇	5%	15%	10%	88%
		大直镇	5%	79%	10%	88%
		合计	5%	69%	46%	79%
	钦南区	黄屋屯镇	5%	87%	83%	89%
防城港市	防城区	滩营镇	5%	87%	82%	88%
		茅岭镇	27%	75%	10%	61%
		合计	23%	79%	54%	79%
总合计			8%	70%	48%	79%

表 9.2-7　茅岭江流域面源污染物总量削减比例

所在城市	区	乡镇、街道	化学需氧量	氨氮	总氮	总磷
钦州市	钦北区	新棠镇	0%	0%	0%	11%
		长滩镇	0%	0%	0%	11%
		小董镇	0%	0%	0%	80%
		板城镇	0%	0%	0%	11%
		大垌镇	0%	0%	0%	10%
		那蒙镇	0%	0%	0%	40%
		大寺镇	0%	0%	0%	79%
		贵台镇	0%	0%	0%	10%
		大直镇	0%	0%	0%	82%
		合计	0%	0%	0%	43%
	钦南区	黄屋屯镇	0%	0%	0%	83%
防城港市	防城区	滩营镇	0%	0%	0%	81%
		茅岭镇	0%	0%	0%	24%
		合计	0%	0%	0%	59%
总合计			0%	0%	0%	46%

表 9.2-8 茅岭江流域总污染源污染物总量削减比例

所在城市	区	乡镇、街道	化学需氧量	氨氮	总氮	总磷
钦州市	钦北区	新棠镇	2%	7%	2%	11%
		长滩镇	1%	4%	1%	13%
		小董镇	3%	69%	30%	83%
		板城镇	1%	4%	1%	11%
		大垌镇	2%	5%	2%	11%
		那蒙镇	2%	8%	3%	48%
		大寺镇	3%	67%	46%	83%
		贵台镇	2%	7%	3%	25%
		大直镇	2%	42%	3%	83%
		合计	2%	42%	18%	51%
	钦南区	黄屋屯镇	2%	30%	13%	83%
防城港市	防城区	滩营镇	1%	41%	23%	83%
		茅岭镇	19%	54%	3%	32%
		合计	13%	48%	15%	63%
总合计			3%	42%	17%	54%

9.3 茅岭江全流域环境治理方案

9.3.1 城镇生活污水治理方案

(1)加快城镇管网建设，优化污水处理资源配置

加快城镇生活污水处理厂和配套管网建设，特别是沿河乡镇污水处理厂建设工作。积极鼓励污水再生利用工程建设，建立健全污水再生利用产业政策，加强新工艺新技术的开发利用，提高污水再生利用水平。

流域内新建的城镇污水处理厂要配套高效去除化学需氧量的处理设施，并设置脱氮除磷的深化处理设施，减少化学需氧量和氮磷的入河量。现有城镇污水处理设施，要因地制宜进行改造，达到相应排放标准或再生利用要求。现有合流制排水系统应加快实施雨污分流改造，难以改造的，应采取截流、调蓄和治理等措施。新建污水处理设施的配套管网应同步设计、同步建设、同步投运。污水处理设施产生的污泥应进行稳定化、无害化和资源化处理处置，禁止处理处置不达标的污泥进入耕地。对非法污

泥堆放点一律予以取缔。

（2）提高污水处理厂运维管理水平，确保氨氮、总磷稳定达标排放

流域内已建成的污水处理厂应加强污水提升泵站和管网的维护和管理，减少管网堵塞、渗漏情况，重点做好沿河截污管道及检查井、阀门与管道接头处和接驳管、断头管的缺陷修复，实现污水管网系统清污分流、连通成网，最大限度地发挥收集效果，提高污水收集率。加强污水处理设施运维管理，从设备、工艺、管理运行等方面对城镇污水处理厂进行优化调整，确保污水处理设施正常运转，并通过延长曝气时间或增加曝气量、强化生物除磷、化学除磷等有效措施，在确保出水水质稳定达标的基础上，进一步削减总磷、氨氮排放量。引进第三方企业对污水处理厂进行运维，并对运维工作人员进行定期培训，提高日常管护人员专业素质，确保在线监测设施平稳运行。

9.3.2　农村连片环境综合治理方案

（1）加快污水处理设施建设进度

结合农村环境综合整治，茅岭江大桥考核断面附近的农村生活污水处理率达到50%以上。多措并举、因地制宜，重点在茅岭镇、康熙岭镇、黄屋屯镇等村镇进行污水处理设施建设，加快流域内农村污水处理设施建设工作进度。同时，建立运行管理机制，积极探索第三方运营管理模式，保障污水处理设施正常运转。

推进茅岭镇、康熙岭镇、黄屋屯镇等已建乡镇污水处理厂向镇周边农村人口聚集区延伸。继续加强推进茅岭江流域农村环境连片整治，把茅岭江流域干流内的农村作为钦州市及防城港市农村环境连片整治的优先安排区域。各地根据村屯实际情况，优先考虑资源化、生态化处理工艺。在人口密集的农村建成区，依据人口规模，因地制宜地建设中小型生活污水集中/分散处理站。对于无法集中污水处理的地区，根据地形特点因地制宜地在各种沟渠建设人工湿地，在河道两侧建设人工浮岛湿地等，采用经济、实用、多样的设施和措施，有效地处理农村生活污水。

（2）完善农村垃圾收集、转移和处理系统建设

严格实施《广西壮族自治区乡村清洁条例》，完善农村垃圾收集、转移和处理系统建设，减少农村垃圾污染；建立完善的垃圾收运网络体系，各村设立垃圾箱及垃圾收集点（中转站），配备清洁工，负责收集垃圾到焚烧炉进行无害化处理或填埋，尽快形成"户集、村收、乡处理"的垃圾处理系统。垃圾分类就地消化。采取措施，对金属、玻璃、塑料废品等进行回收，对厨余垃圾、落叶杂草、瓜果等有机物垃圾进行生

物降解形成肥效，对渣土、砖瓦、沙石等建筑垃圾由村或乡（镇）就地集中填埋。深化"以奖促治"政策，实施农村清洁工程，推进农村环境连片整治；对污染重的河道沟渠清淤疏浚，建设清洁家园、清洁田园。对已经完成农村连片综合整治以及建设好农村污水处理设施的农村地区，要积极采取措施，完善污水管网，建立运行机制，保障污水处理和垃圾收集设施的正常运行，保持农村的清洁环境。

（3）健全农村环境保护法律法规，加强宣传教育

目前，我国已出台了多部环境保护法律法规，但是农村环保法律制度尚不健全，很多领域的法律法规体系还处于空白状态。政府应尽快研究和制定相关法规、政策，以遏制环境污染的悲剧。第一，建立严格的环境排污标准，完善环境监管机制，以束缚污染之手。第二，划分各级政府环保职责，以避免不同职能机构相互扯皮推诿。

生活污水的随意排放和生活垃圾随意丢弃不仅是因为农村环保设施跟不上，也是农民的环保意识不强。由于多方面的因素，目前我国农民的环境保护意识淡薄，要想提高农民们的环保意识就需要有专门的部门加以引导，展开多形式、多层次的珍爱农村环境的宣传教育，评选环保模范。只有农民们的环境保护意识提高了，农村环境才能更好地改善。一要加强舆论引导，努力提高广大干部群众保护农村生态环境的意识和责任感，营造强大的舆论氛围。二要加强对农村教育的投入，提高农民的文化知识水平（康健，2016）。

9.3.3 畜禽养殖污染治理方案

（1）完善规模化养殖场污染治理设施建设，加强畜禽养殖业环境监管

严格按照国家、自治区、钦州市及防城港市水污染防治行动计划以及《畜禽规模养殖污染防治条例》等要求，持续开展禁养区畜禽养殖清理整治，减少养殖的污染物排放，并加大巡查力度，防止问题反弹。

现有规模化畜禽养殖场（小区）要根据污染防治需要，配套建设粪便污水贮存、处理、利用设施，实行雨污分流、干清粪的粪污收集方式。加强畜禽养殖的粪污厌氧消化和堆沤、有机肥加工、制取沼气、沼渣沼液分离与输送、污水处理、畜禽尸体处理等综合利用和无害化处置设施的建设。积极推进规模养殖场的种养结合方式，通过种植业消纳利用规模养殖场和专业养殖户处理后的污水和畜禽粪便。对于无法实现种养平衡的规模养殖场采取污水达标排放的综合治理目标，粪便和分离沼渣通过堆肥发酵生产有机肥，养殖污水采用"厌氧+好氧+深度"处理达标排放，并安装在线监测系统

保证稳定达标排放。严格执行新建规模养殖场的准入条件，新建规模养殖场必须落实环保"三同时"措施，符合养殖规划，并进行环境影响评价，保证新建养殖场基本达到零排放，实现增产不增污。

（2）加强对畜禽专业养殖户的污染减排改造

加强对达不到规模养殖的畜禽专业养殖户的污染减排改造，加强畜禽养殖粪便污水的综合化利用。继续通过补贴等方式对专业养殖户进行雨污分流、干清粪、沼气池、尾水灌溉等污染减排改造。加快有机肥厂和病死畜禽无害化处理厂建设，鼓励引导大中型企业建设区域性有机肥厂和病死畜禽无害化处理厂，对养殖废弃物进行集中规范化处理。在散养密集区域，建成与周边养殖规模相匹配的废弃物收集、处理中心，实行畜禽粪便污水分户收集、集中处理利用，有条件的地区将污水收集到城镇或乡村污水处理厂进行处理。

9.3.4　工业企业污染治理方案

（1）加大力度控制工业废水排放

流域范围内造纸和农副食品加工业两类产业废水排放量占区域工业废水排放总量的 93.1%，在规划实施过程中，各市重点关注废水排放产业情况如表 9.3-1 所示。

表 9.3-1　各市重点关注废水排放产业名单

城市	造纸及 纸制品业	冶金及 有色金属	农副食品 加工业	皮革、毛皮、羽毛及 其制品和制鞋业	化学原料和化学 制品制造业
钦州	√	√	√	√	√
防城港	√	√	√		

对工业企业实施浓度达标控制和污染物排放总量控制，同时针对工业废水防治还应采取以下几点措施：

①全面排查经济区范围内装备水平低、环保设施差的小型工业企业。按照水污染防治法律法规要求，全部取缔不符合国家产业政策的小型造纸、制革、印染、染料、炼焦、炼硫、炼砷、炼油、电镀、农药等严重污染水环境的生产项目。

②落实冶金、有色金属、制浆造纸、农副食品加工、生物产业（原料药制造）、制革等行业专项治理方案，实施清洁化改造。新建、改建、扩建上述行业建设项目实行主要污染物排放等量或减量置换。造纸行业力争完成纸浆无元素氯漂白改造或采取其他低污染制浆技术，钢铁企业焦炉完成干熄焦技术改造，氮肥行业尿素生产完成工艺冷凝液水解析技术改造，制革行业实施铬减量化和封闭循环利用技术改造。

（2）抓好工业节水

按照国家鼓励和淘汰的用水技术、工艺、产品和设备目录，对茅岭江流域内的企业开展节水诊断、水平衡测试和用水评估等工作，制定高耗水工艺和装备淘汰工作方案并分年度实施。严格用水定额管理，根据广西用水定额地方标准，加强对企业执行用水定额情况的监管，取用水重点监控企业每3年开展一次企业水平衡测试（广西壮族自治区海洋环境监测中心站，2017）。

9.3.5　农业种植业污染防治方案

（1）实施化学投入品减量和废弃物循环利用工程

实施化肥减施工程，有效减少化肥施用量，充分利用洼地和河道，建成拦截沟渠，种植半旱生和水生植物，减少肥料流失对水系的污染。优化种植结构，减少化肥投入。引导农户施用畜禽养殖粪污和秸秆等有机肥、种植绿肥，增加土壤有机质含量，提高耕地肥力。

实施农药减施工程，有效防治农作物病虫害，严格禁止高残留和高毒农药的施用，降低农药流失引发的环境污染程度。调整农药施用结构，推广高效、低毒、低残留农药和生物农药以及先进施药机械，实行农作物病虫害统防统治和绿色防控。通过选育抗病虫品种、合理的轮作换茬等措施，预防病虫害发生，减少防控次数，间接控制农作物病虫害。

实施种植业废弃物循环利用工程，减少农村固体废弃物污染，注重农作物秸秆资源化利用，推进秸秆肥料化、饲料化、燃料化、原料化、基料化利用。提高废旧农用塑料薄膜回收利用率，推广使用加厚地膜。在农药施用量大的农产品主产区，建立农药包装废弃物回收和无害化处理站。

（2）推广先进的肥药施用和废弃物处理技术

我国种植业生产具备应用先进技术的条件，可以推广测土配方精准施肥技术，施用有机肥料和生态复合肥。实行农艺与农机融合，推广生物固氮、机械深施肥等技术，提高化肥利用率。推广生物防治、物理防治等绿色防控技术，有效防治农作物病虫害。在秸秆产生量较大的重点地区，加快推进秸秆综合利用试点，推广秸秆还田、秸秆饲料无害防腐和零污染焚烧供热等技术。推广使用可降解农用塑料薄膜，采用可降解地膜覆膜栽培技术，建立集中连片的可降解农用塑料薄膜试点区。在地膜覆盖面积较大的地区，应使用加厚地膜，示范推广残膜捡拾和回收技术，建设废旧地膜回收网点和再利用加工厂。

（3）加强工程实施的制度保障

防控工业和生活污染向种植业转移，执行国家农地土壤污染管控标准，依法禁止未经处理达标的工业和生活污染物进入农田。实行耕地土壤污染治理评价，强化污染耕地分类治理。优化肥料结构，推广新型高效肥料，推行有机肥替代化肥，鼓励农户和企业施用有机肥，鼓励区域有机肥厂建设。扶持病虫防治专业化服务组织，注重植保机械与农艺配套，扩大统防统治辐射范围，提高科学用药水平。落实秸秆禁烧制度，实施秸秆还田、秸秆资源化利用等补偿政策，推动秸秆处理和利用能力建设。采取专业化组织回收、加工企业以旧换新等多种方式，推行农用塑料薄膜回收利用。构建耕地残膜收集、输送网络体系，提升耕地残膜回收利用能力（包晓斌，2019）。

9.3.6　优化流域产业结构及布局

（1）调整产业结构

①促进畜禽养殖产业转型，推进畜禽养殖方式转变

强化养殖业结构调整，加快推进畜禽养殖业转型发展，科学确定畜禽养殖的品种、规模、总量。利用"控制总量转方式、减小扶大提质量"的发展主线，利用政策扶植等措施，建设标准化规模养殖场，淘汰散户养殖和小型养殖场，走生态型、标准化、规模化的发展道路，着力解决畜禽养殖中的规模分散问题，促进解决农村畜禽养殖的面源污染问题。积极鼓励和推广高架网床、零冲水、无抗养殖、农牧结合、种养循环等现代生态养殖模式，全面推广高架网床生猪养殖模式和先进的减排工艺技术，从源头上减少畜禽废弃物排放。新建畜禽养殖规模企业必须采用高架网床养殖模式，加大对现有畜禽养殖企业高架网床养殖模式改造的财政支持力度。全面推进种养结合，综合利用畜禽养殖废弃物，形成循环利用养殖模式。

②调整种植业结构与发展模式

积极推动农村土地流转，鼓励发展规模农业企业和农村合作社，大力扶持具有区域特色产品的龙头企业/合作社，引导分散农民开展规模现代农业项目，通过规模农林业的精细化种植、管理，达到精准施肥、循环发展等减少面源污染的目标。积极发展农业合作社、农产品加工和林产品加工等项目，鼓励优势流通企业、工业企业到茅岭江流域参与高端农林牧渔业的开发与建设，吸收当地农民就业，有效推动流域农业种植产业结构优化，解决农村农业分散种植面源污染严重的困境。科学制定流域农业发展规划，大力种植节水、高产、生态品种。科学制定林业发展规划，有效保障天然林的保有率，促进多样化林业结构的形成，减少单一林种的过度发展。鼓励发展当地

特色产业，发展现代绿色生态产业创新试点。打造"生态、高值、循环"现代特色农林牧结合的绿色生态产业，升级调整种植业结构。

（2）优化空间布局

控制流域畜禽养殖总量，优化畜禽养殖业发展布局。流域各区（县）应科学划定茅岭江流域的畜禽养殖禁养区和限养区，将集中饮用水水源地保护区、茅岭江干流常年水位线或常年洪水淹没线沿岸两侧200 m范围划为禁养区，将茅岭江干流200～2 000 m纳为限养区。严格落实禁养区和限养区的要求。禁养区内禁止规模饲养畜禽，严禁新建、扩建各类畜禽养殖场。依法关闭或搬迁茅岭江沿河禁养区内的规模畜禽养殖场（小区）和养殖专业户，并对禁养区内的分散养殖户进行环保改造，实现零排放。限养区内禁止新建、改建和扩建畜禽养殖场，限养区内原有的畜禽养殖场，由所在区（县）人民政府责令限期治理，控制畜禽养殖总量，严格落实污染防治措施和主要污染物排放总量控制要求。限期内达不到总量控制要求的、未实现达标排放的，由所在各县（区）人民政府组织整治，经整治仍未达标的要限期关停或搬迁，限养区内养殖场和专业养殖户实现污染物达标排放。

9.3.7 加强农村环境监管，提升环境监管水平

（1）明确各部门分工

探索建立和完善乡镇环保机构，落实乡镇环保机构经费和确定工作人员，从法制上建立和健全农村环保工作的长效机制，形成农村环境保护工作上下联动、齐抓共管的良好局面。进一步明确部门分工，环保部门联合有关部门印发加强农村环境保护的有关政策文件，推动建立农村环境污染防治的统筹协调的工作机制。环保部门负责农村环境保护的统一监督管理，统一监督指导农村环境综合整治和农业面源污染防治，统筹推进重点区域流域农村农业污染防治。农业部门负责农业面源污染防治工作。住建部门负责农村生活污水、垃圾治理等农村环境基础设施建设和运营管理等。

（2）完善地方政府考核和责任追究机制

根据《中华人民共和国环境保护法》，各级政府是农业污染防治和农村环保公共服务的责任主体，有统筹部门力量和指导农民防治污染的责任。加强对省级以下政府农村环保工作目标考核，重点考核农业面源污染防治、农村环境整治和环境敏感区保护的工作任务完成情况和取得的成效，在农药化肥减量、农业废弃物和污水垃圾资源化利用、农村饮用水水源地和耕地环境保护等方面建立明确的考核指标。

（3）加强党政负责人对农村环境保护工作的统一领导

增加农村环境保护工作在干部绩效考核中的比重，将各级党委、政府及有关部门农村环保职责落实的情况，纳入对各级领导班子和领导干部考核、评议的重要内容之中。对不认真履行规定职责，造成严重影响的，对相关领导和责任人进行责任追究，在评优评先中实行"一票否决"。

（4）根据污染源成因和排放特点采取差别化的监督管理模式

农业污染流动性强、隐蔽性大，环境监管的方式要从抓末端治理排放为主转向抓源头监管为主，推动清洁的生产生活方式，强化农村农业废弃物资源化利用，让农业生产中出现的污染问题尽量在生产中得到解决，让农村的污水垃圾尽量在源头减量，减少末端集中处理和监管压力。对于点源，实行"谁污染谁治理"。将规模以上畜禽养殖场、农村地区工业企业，纳入城市和工业点源管理体系，纳入行业负面清单管理，严格执行环评、排污许可制度和日常监督执法。对于农业面源和污水、垃圾的处理，需强化政府主体责任，由政府统筹各部门，吸引企业协作和农民参与，实现共同治理。划分各类污染源重点监管对象的规模，对重点污染源采取例行监管，对非重点污染源加强扶持引导，进行不定期抽查和巡检。加强对省级以下地方政府农村环境保护的监督考核，要求加大投入、突出重点、确保实效，形成省级支持、市县联动、县为主体、乡抓落实的局面（陈颖等，2018）。

9.3.8　构建现代环境治理体系

（1）健全环境治理领导责任体系

进一步明确环境治理责任。建立健全生态文明建设领导机制，坚持和完善环境保护和建设三年行动计划滚动实施机制，进一步深化落实河长制。依托城市运行综合管理中心平台，加强部门协同和条块联动。探索建立街镇"最小单元"环境治理新模式。优化目标评价考核和督察机制。把生态环境保护主要指标纳入高质量发展评价体系。制定污染防治攻坚战成效考核实施方案。制定钦州市及防城港市实施《中央生态环境保护督察工作规定》办法，健全和完善督察整改机制，将生态环境保护考核和督察结果作为领导班子和领导干部综合考核评价、奖惩任免的重要依据。

（2）健全环境治理企业责任体系

推动茅岭江沿岸排污单位建立健全环境保护责任制度。分批制定重点行业环保守则。严格执行污染源自行监测制度，严厉打击环境监测数据弄虚作假行为。落实生产者责任延伸制度，强化生产者废弃产品回收处理责任。强化环境治理信息公开。规范企事业单位环境信息公开工作。健全企事业单位环境信息公开制度。有效落实上市公司和发债企业环境信息强制披露制度。推行重点企业环境责任报告制度。全面推进环保设施向社会公众开放。鼓励排污企业在确保安全生产前提下，向社会公众开放。

（3）健全环境治理全民行动体系

畅通民意表达渠道，健全"12345"市民服务热线、"12369"环保举报热线、信访投诉等举报、查处、反馈机制，及时回应群众诉求。完善环境违法行为有奖举报等制度。通过新闻发布会、网上公告、媒体专栏等多种方式，及时公开与生态环境保护相关的信息，接受社会监督。健全生态环境公益诉讼制度，引导具备资格的环保组织依法开展生态环境公益诉讼。创新工作举措，充分发挥基层组织在环境保护领域的自治作用。

充分发挥工会、共青团、妇联等群团组织和相关行业协会、商会等社会组织在环境治理中的作用。构建并完善生态环境保护志愿服务体系，成立市青少年生态文明志愿服务总队。建立社会组织参与环境治理长效机制，引导环保组织规范化、专业化运行。鼓励相关基金会和企业依法依规开展或捐助环保公益活动。

大力弘扬垃圾分类新时尚。巩固提升生活垃圾分类实效，完善生活垃圾全程分类体系，强化末端利用设施建设，健全生活垃圾分类常态长效机制。加快推进可回收物"点站场"体系建设，完善提升两网融合回收体系，支持回收利用产业发展。

（4）健全环境治理监管体系

强化依法治污，加大生态环境保护执法力度，对各类环境违法行为依法追究行政责任和刑事责任。注重"柔性"执法，制定生态环境轻微违法违规行为免罚清单。充分利用卫星遥感、无人机、在线监控、大数据分析等手段，开展非现场执法检查。强化服务指导，严禁"一刀切"式执法。加强生态环境保护执法联动，形成执法合力。健全生态环境部门、公安机关、检察机关、审判机关信息共享、案件移送、联合调查、案情通报等协同配合制度。深入推进生态环境领域民事、行政、刑事"三合一"审判机制。加强环境资源审判队伍专业化建设。坚持"恢复性"司法理念，完善生态修复实施机制。

参考文献

包晓斌，2019. 种植业面源污染防治对策研究[J]. 重庆社会科学，（10）：6-15.
陈颖，王亚男，赵源坤，等，2018. 以创新环境监管机制加强农村环境保护[J]. 环境保护，（7）：21-24.

邓义祥，富国，郑丙辉，等，2008，CSTR 水力学模型数值求解方法探讨[J]. 环境科学研究，（2）：40-43.

邓义祥，郑丙辉，2011. Taylor 方法在 CSTR 河流水质模型结构可识别性分析中的应用[J]. 数学的实践与认识，41(6)：90-95.

广西壮族自治区海洋环境监测中心站，2016. 钦州市钦江东和钦江西断面水体达标方案[R].

广西壮族自治区海洋环境监测中心站，2017. 钦州市钦江水污染防治总体方案技术报告[R].

国家环境保护部办公厅，2016. 水体达标方案编制技术指南[S]. 2016 年 3 月 25 日.

国务院，2015. 水污染防治行动计划[Z].

广西壮族自治区人民政府，2015. 广西水污染防治行动计划工作方案[Z].

广西壮族自治区生态环境厅. 广西水污染防治攻坚三年作战方案(2018—2020 年). 2018.

钦州市人民政府，2016. 钦州市水污染防治行动计划工作方案[Z].

康健，2017. 农村环境综合治理研究[J]. 农家参谋，（14）：44-45.

雷坤，孟伟，乔飞，等，2013. 控制单元水质目标管理技术及应用案例研究[J]. 中国工程科学，15(3)：62-69.